Creative Workflow in PowerDirector 16

人人必學

影音創作實務
使用威力導演16

簡良諭 —— 編著

本書範例檔案說明

為了方便讀者學習,本書範例提供相關檔案。請至本公司網站(http://tkdbooks.com)的圖書專區下載,或者直接於首頁的關鍵字欄輸入本書相關字(例:書號、書名、作者)進行書籍搜尋,尋得該書後即可下載範例檔案內容。

Foreword 序

　　威力導演著實令人驚豔，使用者可以在時間軸中隨心所欲的進行影片剪輯，不需要很高規格的硬體就可以順暢地編輯影片。本書透過主題式範例講解的方式呈現，逐步引導讀者了解威力導演強大的影音編輯功能與豐富的特效套件技巧應用。

　　為了便於掌握本書的學習重點，將各章主題及要點簡述如下：

- **第 1 章　認識威力導演**：快速掌握軟體介面及自動模式、幻燈秀編輯器視窗功能應用操作。
- **第 2 章　免費素材與媒體**：介紹如何由網路上取得合法免費素材與創用 CC 的應用。
- **第 3 章　車埕采風**：素材太多太亂嗎？沒關係利用標籤來管理，檔案來自四面八方嗎？就交給專案管理來幫忙吧！
- **第 4 章　慕尼黑城區觀光**：將設定圖片顯示比例，練習影片分割修剪並控制視訊靜音等。
- **第 5 章　新天鵝堡 I**：除了學習文字工房範本的應用外，可由 DirectorZone 下載文字範本，並練習建立新的文字範本。
- **第 6 章　新天鵝堡 II**：威力導演提供了精彩的轉場特效，透過轉場特效工房、Magic Motion 魔術工具及特效工房，可以呈現炫麗的影片視覺效果。
- **第 7 章　鳥類攝影展**：透過音訊的修剪、串接與淡入淡出來調合影片的配樂、旁白及音效，且透過威力導演來擷取麥克風、CD 等媒體素材。
- **第 8 章　旗津半日遊**：威力導演結合強大的威力工具、內容感應編輯、動態追蹤及運動攝影等功能模組，快速地製作出專業的創意影片。
- **第 9 章　黑森林小鎮**：豐富的子母畫面與 粒特效，製作出飄雪、楓葉、落花等酷炫畫面，配合色板與遮罩，串連出一段精彩影片。
- **第 10 章　成果光碟**：影片編輯完成後，除了輸出影片檔案外，還可以製作成影音光碟，並設計影片章節封面。

　　本書不談論艱深的理論知識，將理論結合以實例操作呈現，提升應用層面操作實力。跟著本書學習，不僅能掌握正確的影片編輯觀念，更能應用在實際生活與工作之中，讓你拍的輕鬆、攝的精彩、剪輯的有創意。感謝台科大圖書出版本書，以饗更多讀者，當然也要謝謝讀者您能夠選用本書作為進修及教學之用。

Contents
目　錄

Chapter 1　認識威力導演
- 1-1　數位剪輯基本概念 ……………………………………………… 2
- 1-2　認識操作介面 …………………………………………………… 6
- 1-3　威力導演初體驗―自動模式 …………………………………… 12
- 課後練習 ……………………………………………………………… 28

Chapter 2　免費素材媒體
- 2-1　由威力導演取得 Flickr 圖片 …………………………………… 30
- 2-2　DirectorZone 資源平台 ………………………………………… 35
- 2-3　免費授權媒體網站 ……………………………………………… 39
- 課後練習 ……………………………………………………………… 48

Chapter 3　車埕采風―素材與專案管理
- 3-1　標籤管理 ………………………………………………………… 50
- 3-2　專案管理 ………………………………………………………… 54
- 課後練習 ……………………………………………………………… 60

Chapter 4　慕尼黑城區觀光―視訊編輯
- 4-1　設定圖片顯示比例 ……………………………………………… 62
- 4-2　影片分割修剪 …………………………………………………… 65
- 4-3　視訊靜音 ………………………………………………………… 72
- 4-4　視訊修補／加強 ………………………………………………… 75
- 課後練習 ……………………………………………………………… 80

Chapter 5　新天鵝堡Ⅰ―標題與字幕應用
- 5-1　文字工房應用 …………………………………………………… 82
- 5-2　字幕工房應用 …………………………………………………… 95
- 課後練習 ……………………………………………………………… 100

Chapter 6 新天鵝堡 II—轉場與特效應用

- 6-1 轉場特效工房應用 ………………………………………… 102
- 6-2 Magic Motion 魔術工具 …………………………………… 110
- 6-3 特效工房 …………………………………………………… 114
- 6-4 輸出到行動裝置 …………………………………………… 124
- 課後練習 ……………………………………………………… 126

Chapter 7 鳥類攝影展—音訊處理

- 7-1 聲音出現的場合 …………………………………………… 128
- 7-2 下載音效片段 ……………………………………………… 129
- 7-3 音訊的剪輯 ………………………………………………… 132
- 7-4 擷取媒體 …………………………………………………… 137
- 課後練習 ……………………………………………………… 146

Chapter 8 旗津半日遊—威力剪輯工具

- 8-1 威力工具 …………………………………………………… 148
- 8-2 內容感應編輯 ……………………………………………… 154
- 8-3 動態追蹤 …………………………………………………… 156
- 8-4 運動攝影工房 ……………………………………………… 159
- 8-5 混合特效 …………………………………………………… 164
- 課後練習 ……………………………………………………… 166

Chapter 9 黑森林小鎮—覆疊合成應用

- 9-1 覆疊說明 …………………………………………………… 168
- 9-2 子母畫面 …………………………………………………… 169
- 9-3 炫粒工房應用 ……………………………………………… 184
- 9-4 色板應用／遮罩設計師 …………………………………… 186
- 課後練習 ……………………………………………………… 190

Chapter 10 成果光碟—章節選單

- 10-1 匯入視訊媒體 ……………………………………………… 192
- 10-2 選單範本 …………………………………………………… 193
- 10-3 章節工房 …………………………………………………… 201
- 10-4 DVD 燒錄 …………………………………………………… 204
- 課後練習 ……………………………………………………… 207

Chapter 01

認識威力導演

威力導演可以協助你剪輯視訊、加入配樂、特效及文字等效果，輕鬆製作旅遊、活動的影片，並可以輸出到光碟、行動載具及網路分享。本章將介紹威力導演的操作介面與基本功能，以快速了解軟體的版面配置。

1-1 數位剪輯基本概念

用來傳遞訊息與資料的工具就是媒體,包含所謂的文字、聲音、影像等都稱為媒體。隨著科技的進步,傳統影音多媒體也朝向數位化、網路化的方向發展,視訊影音為配合不同的傳播管道,如網路、手機、光碟等,也發展出不同的系統規格,了解這些視訊標準及相關名詞的說明,對學習影片剪輯有很大的幫助。

視訊播放規格

目前世界主要使用三種視訊播放規格,分別為 NTSC、PAL 及 SECAM,這些規格規範了攝影機、電視機、DVD 錄放影機等傳輸視訊的規格,您可以在這些機器上看到這些規格的標籤,不同規格的設備及影片彼此之間互不相通的,所以未來在製作視訊影片時要特別注意。

現在就來認識這三種視訊規格:

規格	掃瞄線數	每秒畫格數	頻率(Hz)	地區
NTSC	525	29.97(約30)	60	美國、台灣、日本、韓國、加拿大
PAL	625	25	50	德國、英國、中國大陸、香港
SECAM	625	25	50	法國、東歐、俄羅斯、中東

在國內的家電產品大多採雙規模式(NTSC / PAL),所以在國內採購時並不需要注意。若是出國旅遊在國外購買家電用品時,就一定要特別注意其規格標示,否則就算買到便宜貨,回國後也無法使用!後面的課程我們均採取 NTSC 規格作為標準。

視訊壓縮格式

原始拍攝的視訊檔案相當龐大,10 分鐘 NTSC 規格的短片就需要佔用 12G 的硬碟容量,所以必須進行視訊壓縮。在不影響視訊品質的前提下,常採取下列幾種視訊壓縮格式:

格式	說　　明
AVI	AVI（Audio Video Interleave）由微軟公司所規範的視訊格式，優點是相容性高，缺點是檔案容量較大，電腦需安裝軟體解壓縮編碼格式的程式，目的是告訴電腦在播放時如何將影片編碼解碼，才能夠播放，副檔名為 AVI。
WMV	WMV（Windows Media Video）是微軟公司制定的網路串流格式，只要使用 Windows Media Player 7 版以上即可播放，現在已發展出高畫質的 WMV HD 技術，可以支援到解析度 1280×720 及 1440×1080。
MPEG	MPEG（Moving Picture Experts Group）是一種動態影像的壓縮標準，它的壓縮率及影音品質都比 AVI 好，目前幾乎所有的電腦都可以播放 MPEG 檔案，但是在播放或製作 MPEG 時會較播放 AVI 佔更多的系統資源，常用的有 MPEG-1（VCD 畫質）、MPEG-2（DVD 畫質）、MPEG-4（手機平板畫質），副檔名為 MPEG。
MOV	MOV 是 Apple 蘋果公司制定的 QuickTime 視訊格式，是常用的網路視訊串流規格，副檔名為 MOV。
RM、RMVB	RM（Real Media）由 RealNetworks 公司所制定的網路串流格式，需使用專屬的播放程式 RealPlayer，副檔名為 RM。後來發展的 RMVB 可以變動位元率設定，依畫面作最佳化的壓縮編碼，提升網路視訊品質。

串流格式

在以上的介紹中，WMV、RM、RMVB 及 MOV 格式都是屬於串流格式，必須藉由指定的軟體方可欣賞。何謂串流格式？串流是指在網路間傳遞視訊或音樂，不需要在播放前完成下載全部檔案，播放結束後也不會將檔案存在電腦中。如果網路太慢或中斷時，播放的影片將會延遲或中斷。

補充知識

MPEG 包含有 MPEG-1、MPEG-2 及 MPEG-4 三種規格：

- **MPEG-1**：制定於 1992 年，主要應用在 VCD 製作，解析度為 352×240，MPEG-1 的編碼位元率最高可達 1.5 Mbits/sec。其目的是希望能在不同頻寬的設備下儲存多媒體資訊，如唯讀光碟記憶體、影音光碟及互動式光碟等。MPEG-1 的品質約與家用錄影系統 VHS 相當。目前較為大家熟悉的影音光碟視訊格式就是採用 MPEG-1 視訊壓縮標準。至於音訊方面，如大家耳熟能詳的 MP3 就是 MPEG-1 音訊壓縮中名為 MPEG-1 Audio Layer-3 的壓縮技術。

> **補充知識**
>
> - **MPEG-2**：制定於 1994 年，主要應用在 DVD 製作，解析度為 720×480，視訊傳輸為每秒 10 MB。它的應用範圍為高解析度數位電視及數位化多功能光碟的動態影像編碼標準。MPEG-1 只能處理連續掃描格式的視訊信號，而 MPEG-2 則可處理連續掃描及交錯掃描格式的視訊信號。MPEG-2 可提供廣播級的視訊和光碟級的音訊品質。對用戶來說，由於傳統電視機解析度的限制，MPEG-2 的高清晰度畫面在傳統電視上的效果並不很明顯。不過，在音訊特性如重低音、多伴音聲道等上，則比 MPEG-1 有更大的進步。目前無論是數位化多功能光碟或數位電視系統，經由電纜或衛星播放，其所採用音訊、視訊壓縮核心技術都是 MPEG-2。
>
> - **MPEG-4**：制定於 1998 年，主要目的是為了加速多媒體通信的發展，並促成電信、電腦、廣播電視三大網路的融合。MPEG-4 將多個多媒體應用集中於一個完整的系統內，主要目的在為多媒體通信及應用環境提供標準的演算法及工具，並使音訊、視訊資料能有效地編碼以及存取更靈活。

影像格式

常見的影像格式有 JPG、GIF、PNG、TIF 等，有不同的應用區別：

格式	應用區別
JPG	是一種針對相片影像而廣泛使用的失真壓縮標準方法，JPEG 的壓縮方式通常是破壞性資料壓縮（lossy compression），意即在壓縮過程中圖像的品質會遭受到破壞，但肉眼是看不大出來與原影像的差別。
GIF	圖片具有透明特性，只能儲存 256 種色彩，GIF 影像具有圖層，可以製作動畫圖案。
PNG	可攜式網路圖形（Portable Network Graphics, PNG）是一種無失真壓縮的點陣圖圖形格式，廣泛應用於網際網路及其他方面上。
TIF	主要用來儲存相片、藝術圖等圖像，TIF 格式在業界得到了廣泛的支援，常用於桌面印刷和頁面排版應用。

音效格式

所謂的音效格式是指將聲音、音效或音樂等資料儲存在電腦中的格式，常見的音效格式有：

格式	說　明
WAVE	WAVE 是由 Microsoft 公司所制定的聲音格式，特色是直接把類比 analog 的聲音訊號作取樣，轉換成數位 digital 的資料，依取樣的頻率可以分為 11k、22K、44.1KHz 等，數值越大時，記錄的聲音越接近原來的聲音，但是檔案容量也就越大，副檔名為 WAV。
MIDI	MIDI（Musical Instrument Digital Interface）主要是用來記錄樂器的聲音，和 WAVE 最大的差異點是 MIDI 並沒有作聲音的取樣，而是僅把樂器的音符、音色、節奏等訊息以數位方式記錄下來，所以檔案容量很小，相當適合應用在網頁中。但是 MIDI 的聲音品質就不如 WAVE 真實，若要讓 MIDI 的效果提升就要具備音源卡等設備，副檔名為 MID。
MP3	利用 MPEG Audio Layer3 的技術，把 WAVE 聲音用 1：10 的壓縮比率來把檔案壓縮成容量較小。這是目前相當風行的檔案格式，但是因為 MP3 是屬於破壞性的壓縮，所以當還原成 WAVE 時，音質會有失真的情形，副檔名為 MP3。

1-2 認識操作介面

從開始功能表或在桌面上的訊連科技威力導演程式啟動時,會提示您三種編輯模式。

時間軸模式

選取此選項可進入時間軸模式,這是多重視訊軌道編輯模式,在這裡可以使用威力導演的所有功能。

腳本模式

以大型圖示的形式,在時間軸的第一個軌道上,顯示您的所有視訊片段和圖片。

幻燈片秀編輯器

使用幻燈片秀編輯器,將圖片立即轉換為動態的幻燈片秀。只要依循幻燈片秀編輯器的步驟,匯入圖片,加入背景音樂與風格獨具的幻燈片秀範本。完成後,在輸出為視訊檔或燒入至光碟前,您可以先預覽幻燈片秀。

請選擇「時間軸模式」,進入完整編輯畫面。「工欲善其事,必先利其器」在使用之前,先認識一下威力導演的工作區與功能,對於後續學習有很大的幫助。

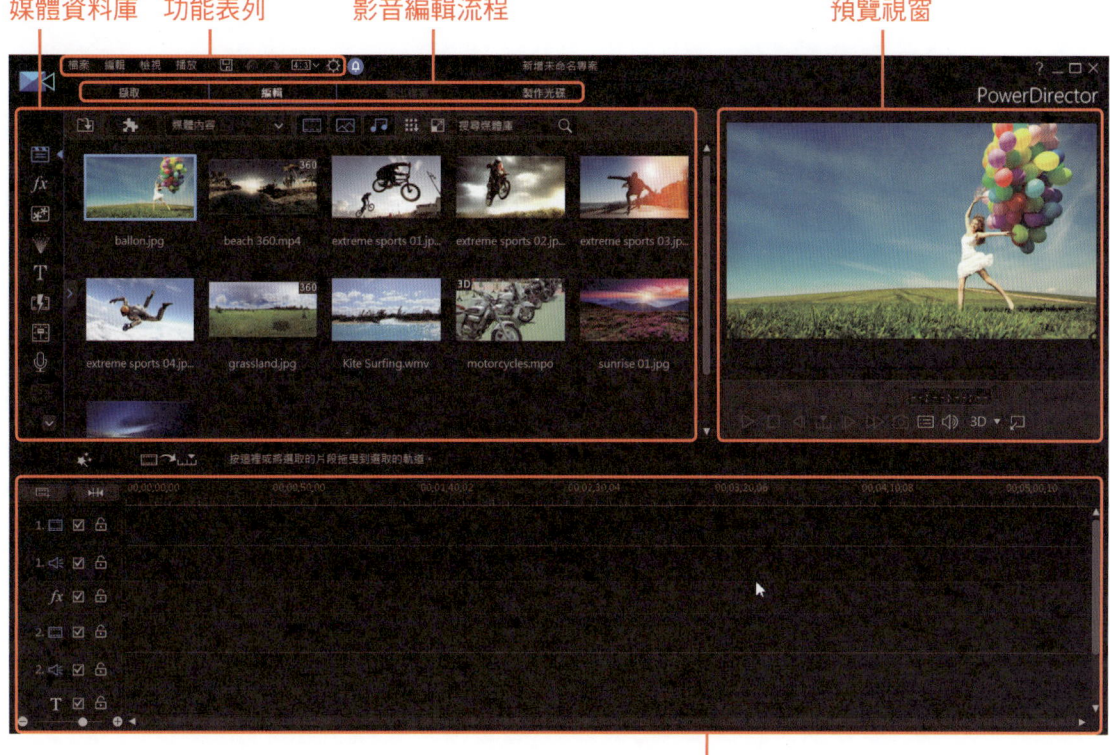

時間軸/腳本區

功能表列

功能表列包含有「檔案、編輯、檢視、播放」四類功能選單,點選後可以下拉執行指定的功能指令,右側還有「儲存專案、復原、取消復原、設定專案顯示比例、設定使用者功能設定」五個快速存取工具鈕。

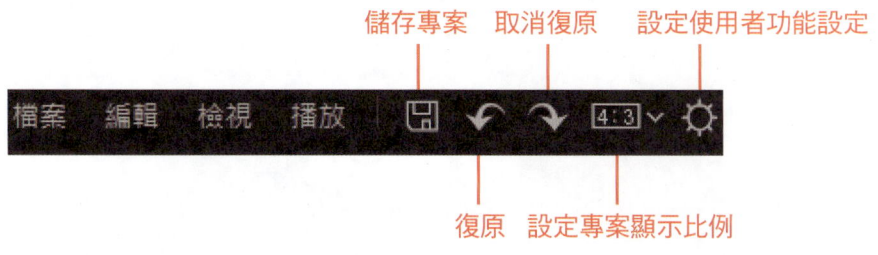

■ 影音編輯流程

影音編輯流程位於功能表列的下方，依序為「擷取、編輯、輸出檔案、製作光碟」四步驟，只要依這個流程編輯影片就能完成影片製作。

流程	說明
擷取	可以從 DV 攝影機、電視訊號、光碟機等不同來源擷取媒體。
編輯	可以匯入媒體，在時間軸中編輯與修剪視訊，加入特效、文字、子母畫面物件、轉場、字幕等。
輸出檔案	將製作的檔案輸出成 MP4、WMV 等各種格式的視訊檔案，或是各類型的行動裝置及上傳至 YouTube、Facebook 等均可。
製作光碟	可以 2D 或 3D 等格式燒錄具選單的光碟。

1-2-1 媒體資料庫

媒體資料庫主要是由「工房」和「媒體庫」所組成。

■ 工房

編輯視訊檔案時，可以在編輯中利用各種不同工房，存取所有媒體、特效、文字以及轉場特效。還可以錄製音訊和混音、加入章節或字幕的控制按鈕。

工房	說明
媒體工房	媒體工房可存取媒體庫、色板、背景和外掛模組等，媒體庫中包含視訊、音訊以及圖片檔案。
特效工房	特效工房提供 3D、文字遮罩、樣式、炫粒等特效，可以套用視訊檔案與圖片上。
子母畫面物件工房	包含子母畫面物件或圖片的媒體庫，可以在時間軸的任何軌道上放置子母畫面物件，將外框、繪圖動畫物件等覆疊在視訊軌的視訊上。
炫粒工房	將炫粒物件（雪花、雲朵、煙霧等）特效動畫放在視訊軌上，並設定特效的頻率。
文字工房	在視訊上加入影片文字、字幕、致謝名單等。
轉場特效工房	提供從一個影片片段換到另一個影片片段的轉換效果。
音訊混音工房	控制配音、配樂等聲音大小，以混合專案中音軌的音訊。
即時配音錄製工房	錄製視訊的旁白配音。
章節工房	在視訊中加入章節標記，方便觀賞者可以利用選單跳到指定章節。
字幕工房	透過匯入 TXT、SRT 或 MKV 檔案或手動將視訊加入字幕。

■ 媒體庫

媒體庫其實就是平常所說的媒體素材，若是配合工房時，會以縮圖方式呈現以方便選用，常透過【顯示／隱藏檔案總管】鈕來切換管理各種素材及效果。而媒體庫上方是用來管理媒體及特效的功能鈕，功能如下：

功能鈕	說明
匯入媒體	匯入媒體檔案或匯入媒體資料夾，也可以匯入 Flickr 圖片與 DirectorZone 媒體。
外掛模組	提供「多機剪輯設計師」、「創意主題設計師」、「視訊拼貼設計師」及「運動攝影工房」等外掛模組。
媒體內容	可切換「媒體內容」、「色板」、「背景」、「快速專案範本」及「已下載」類別。
媒體顯示	可以選擇只顯示「視訊」、「圖片」、「音訊」或全部顯示素材。
媒體庫選單	設定媒體排序方式、圖示大小及內容感應詳細資訊。
縮圖大小	利用滑桿控制調整縮圖比例大小。

由媒體的縮圖可以判斷是圖片、視訊或音訊媒體。

有打勾表示已加入到時間軸　　360 表示為 360 度全景　　3D 表示為 3D 媒體　　音符圖示表示音訊媒體

1-2-2 時間軸／腳本

　　時間軸是影片的編輯區域，媒體排列的順序即為影片播放的順序，編輯模式可分為腳本模式和時間軸模式二種。

- **腳本模式**：適合快速編排媒體順序使用。
- **時間軸模式**：適合作細部的視訊編輯、覆疊編輯及混音編輯。

🎬 腳本模式

　　腳本模式可以看見每個媒體的縮圖，縮圖下方的數值則是該媒體播放的時間，滑鼠移到縮圖上會顯示媒體的檔案名稱及個別播放時間。

時間軸模式

時間軸模式以軌道方式呈現，由上而下依序為視訊 1、音訊 1、特效 1 及視訊 2、音訊 2、文字 2、配音 2、配樂 2 等共 8 個剪輯軌。在軌道前方的 ☑ 代表軌道啟用中，按一下變成 ☐ 則代表停用。如果編輯好的軌道不想再被更動，可以按下 🔓 變成 🔒 就無法編輯該軌道了。

用滑鼠按住上方尺標（或左下 ⊖━━●━━⊕）作左右拖曳，可以調整時間軸顯示比例。

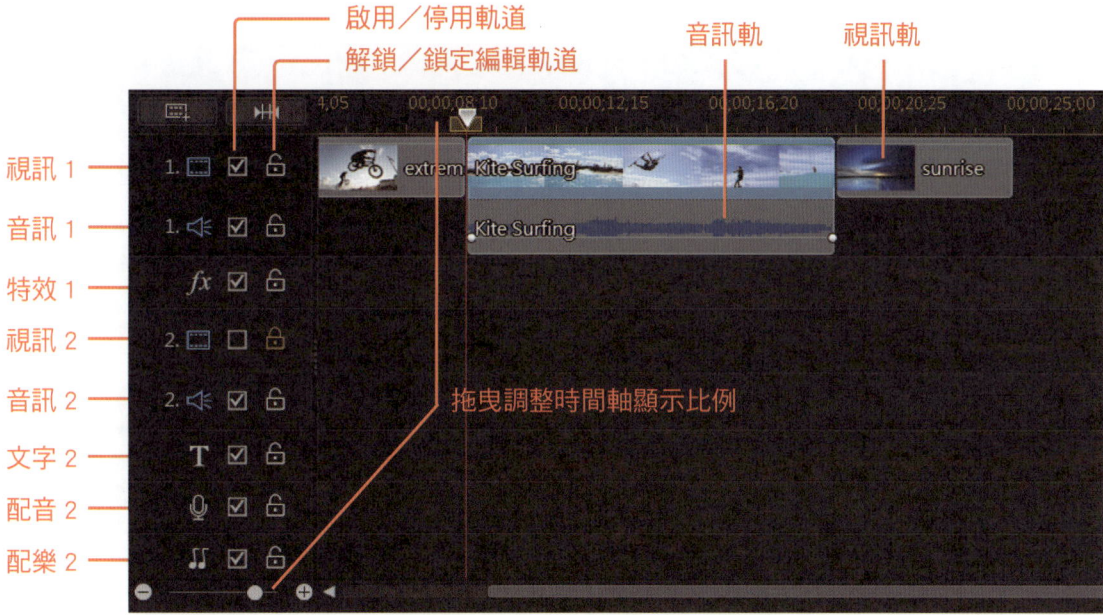

編輯工具列

將媒體庫的媒體拖曳到時間軸後，選取該媒體時，時間軸上方會顯示一排編輯工具列，可針對選取的媒體作編修動作。

1-3 威力導演初體驗—自動模式

威力導演是套多媒體的編輯軟體,除了可以剪輯影片、圖片、音效外,還有眾多的特效與範本可以套用在專案。

從開始功能表或在桌面上的訊連科技威力導演程式啟動時,會提示您選擇下列三種主要編輯模式中的其中一種。在選取編輯模式之前,須先設定專案的視訊顯示比例(16:9、4:3或9:16)。

威力導演有三種編輯模式可以選擇:

- **時間軸模式**:這是多重視訊軌道編輯模式,可以使用程式的工房、特效等所有功能。
- **腳本模式**:以大型圖示的形式,在時間軸的第一個軌道上,顯示您的所有視訊片段和圖片。
- **幻燈片秀編輯器**:可將圖片立即轉換為動態的幻燈片秀,依循幻燈片秀編輯器的步驟,匯入圖片,加入背景音樂與風格獨具的幻燈片秀範本。

1-3-1 自動模式

沒有用過威力導演不知道該從何處開始著手時，可以使用 自動模式 自動模式的 Magic Movie 精靈。自動模式逐步引導完成「匯入、設計、調整與預覽完成的影片」流程，只需要簡單幾個步驟。

■(啟動自動模式

1 點選影片的畫面顯示比例【4：3】。

2 選擇【自動模式】。

■(匯入媒體

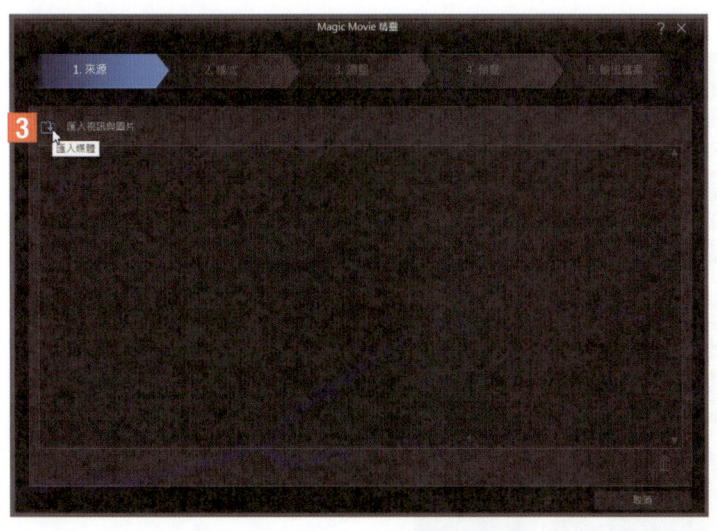

3 點選【匯入媒體】鈕。

4 請選擇【匯入媒體資料夾】。

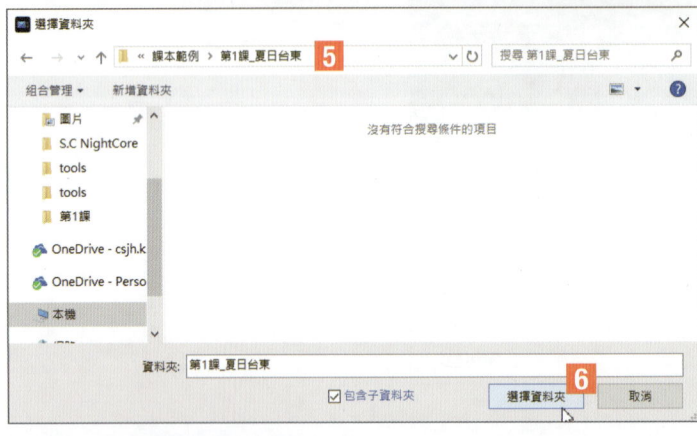

5 選擇【第1課_夏日台東】資料夾。

6 按【選擇資料夾】鈕。

■◀ 調整媒體順序

7 拖曳縮圖可以調整媒體出現的順序。

8 按【下一步】鈕。

■ 選擇樣式

9 點選【原始模式】。

10 按【下一步】鈕。

■ 新增配樂

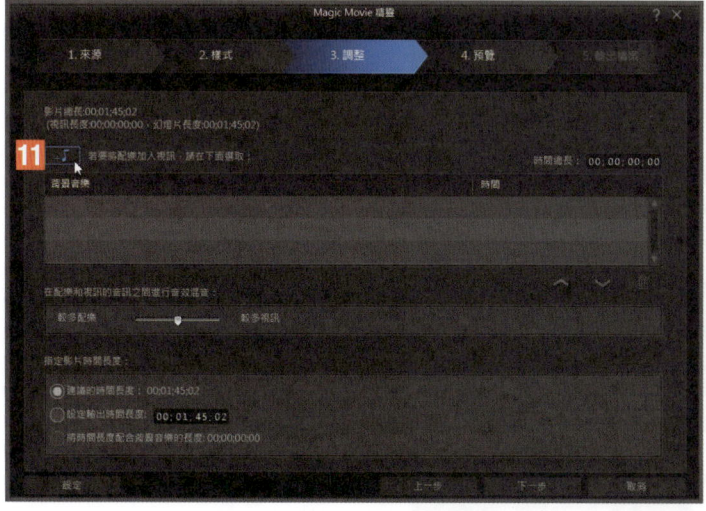

11 按【新增配樂】鈕。

12 點選配樂檔。

13 按【開啟】鈕。

◼️ 設定影片剪片標準

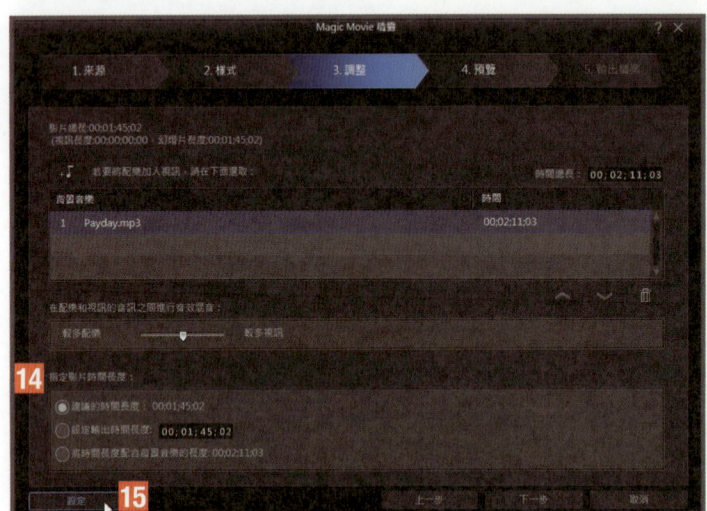

14 指定影片時間長度。

15 按【設定】鈕。

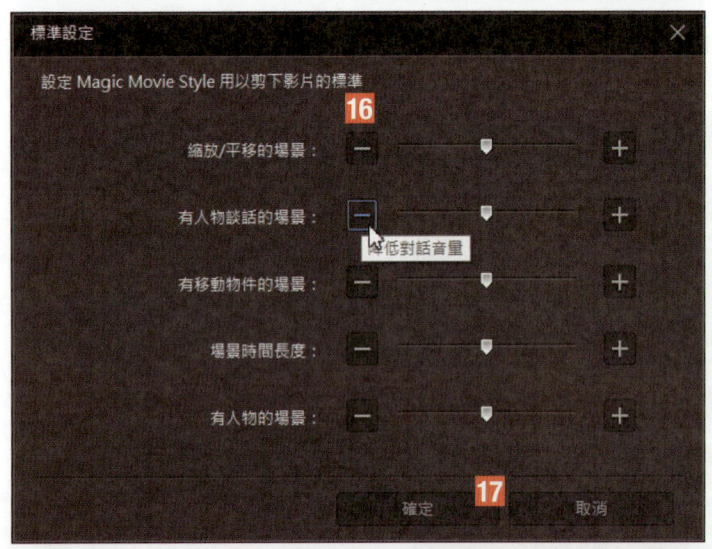

16 按 ➕、➖ 調整 Magic Movie 剪下影片的標準。

17 按【確定】鈕。

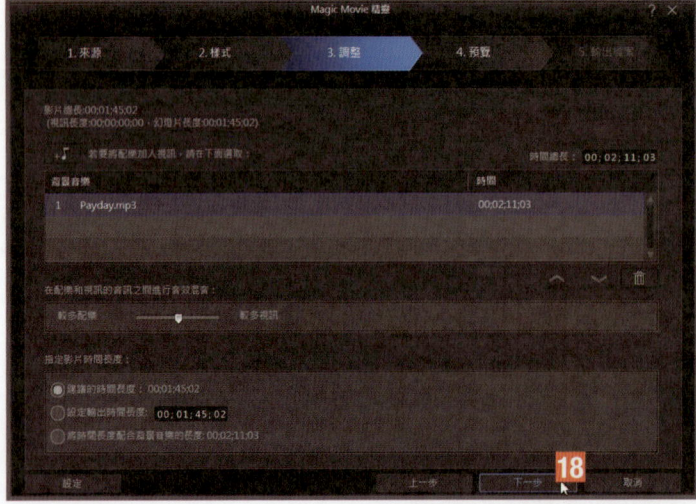

18 按【下一步】鈕。

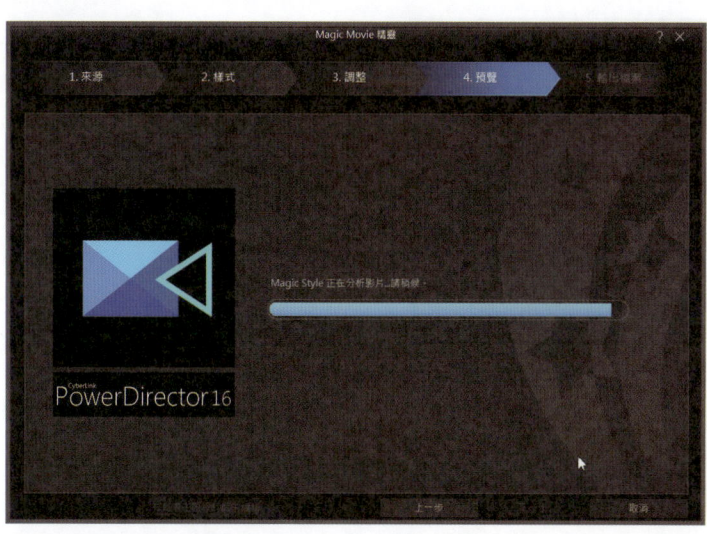

19 分析影片。

■ 輸入起始文字、結束文字

20 輸入起始文字、結束文字。

21 按播放鈕預覽。

22 按【下一步】鈕。

■ 輸出視訊

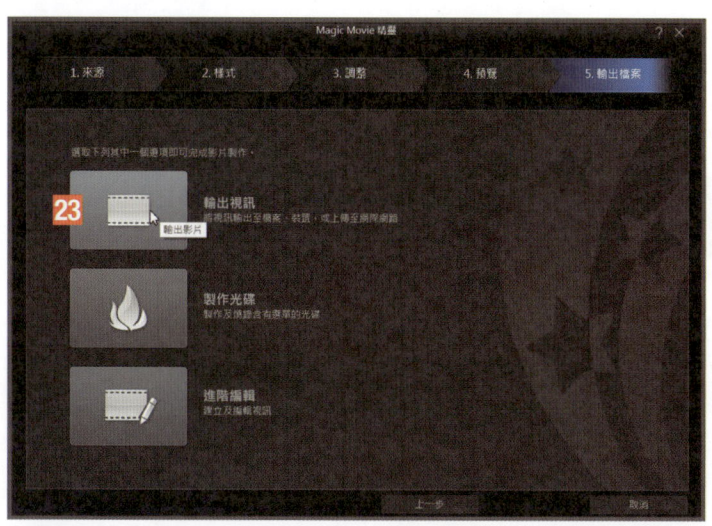

23 點選【輸出視訊】。

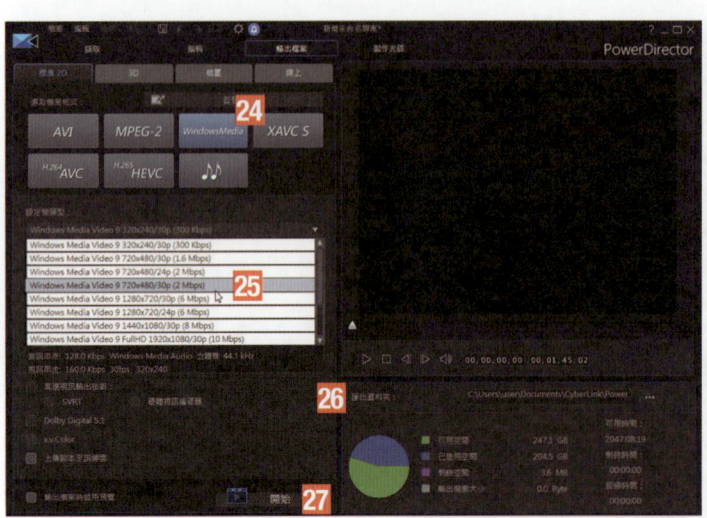

24 點選【WindowsMedia】。

25 選擇【設定檔類型】。

26 輸出檔案的預設【匯出資料夾】。

27 按【開始】鈕

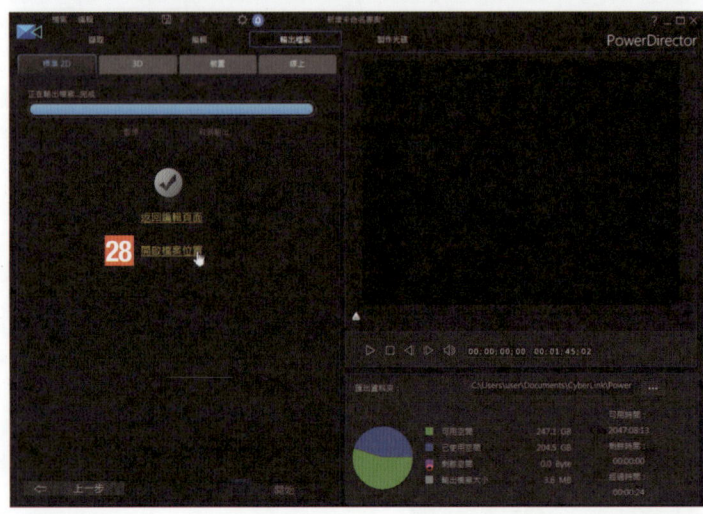

28 點選【開啟檔案位置】。

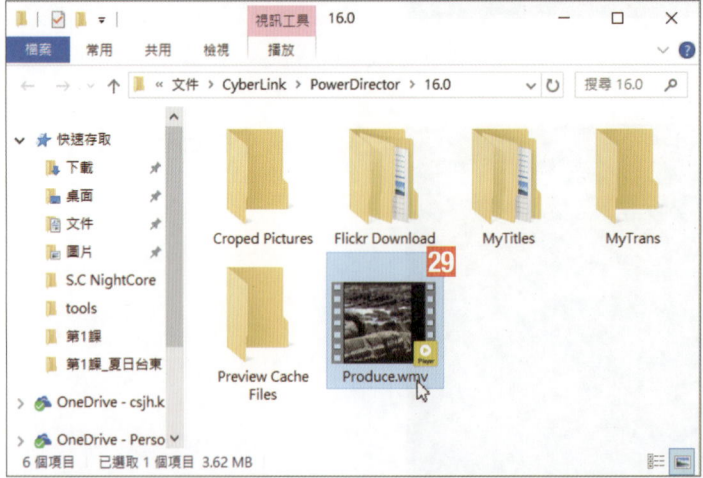

29 點擊二下來開啟影片檔案。

30 觀看成果影片。

1-3-2 幻燈片秀編輯器

如果只是要快速地把照片變成幻燈片，選擇【幻燈片秀編輯器】準沒錯！

■◀ 啟動幻燈片秀編輯器

一般的相片的尺寸比例為 4：3，所以影片的顯示也選擇 4：3 較合適。

1 啟動威力導演，點選畫面顯示比例【4：3】。

2 請點選【幻燈片秀編輯器】。

3 啟動中畫面。

■◀ 匯入圖片資料夾

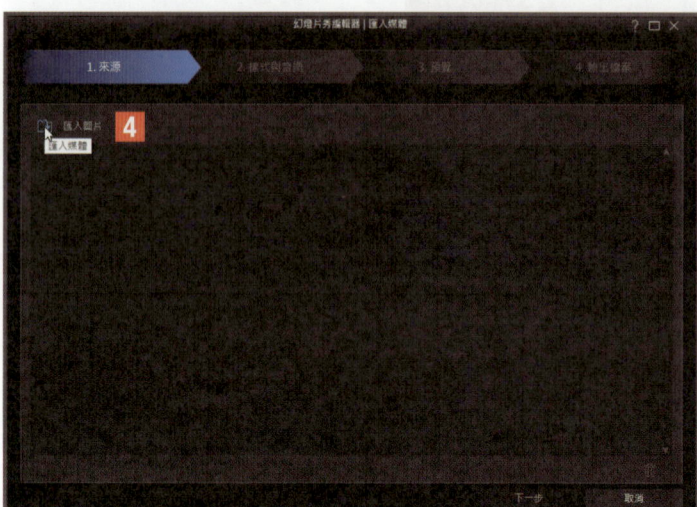

4 點選【匯入圖片】鈕。

5 點選【匯入圖片資料夾】,把資料夾內的所有圖片一次匯入。

> **小說明**
> 若點選【匯入圖片檔案】則是圖片一張一張匯入。

6 選擇【課本範例／第1課_夏日台東】資料夾。

7 點選【選擇資料夾】鈕。

8 威力導演會自動將匯入的照片依英文字母、數字編號順序排序,這也是未來播放幻燈片的順序。

> **小說明**
> 通常會建立一個資料夾,將素材事先放入並依希望的幻燈片順序更改檔名編號。

調整播放順序

9 點選要刪除的圖片。

10 點選【移除選取的媒體】鈕。

11 在要移動位置的圖片按住滑鼠左鍵不放。

12 拖曳到要放置的新位置處後放開滑鼠左鍵。

13 安排好圖片順序後,按【下一步】鈕。

■◣ 選取幻燈片秀樣式

14 在內建的幻燈片秀模式中，選擇【剪貼簿】。

■◣ 背景音樂

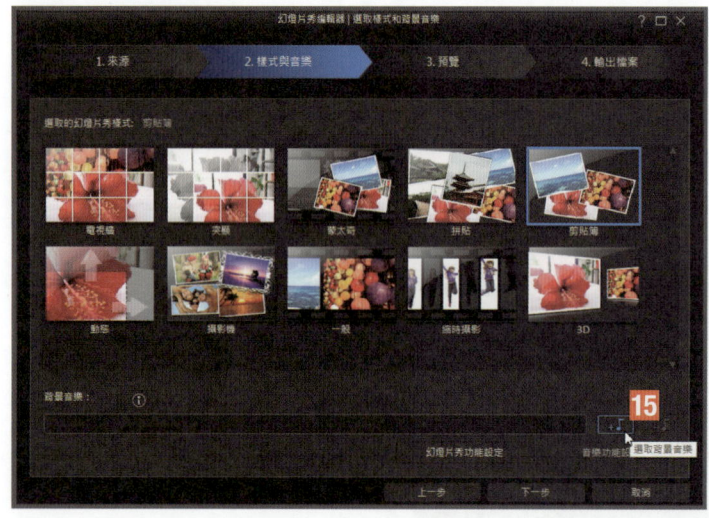

15 點選 【選取背景音樂】鈕。

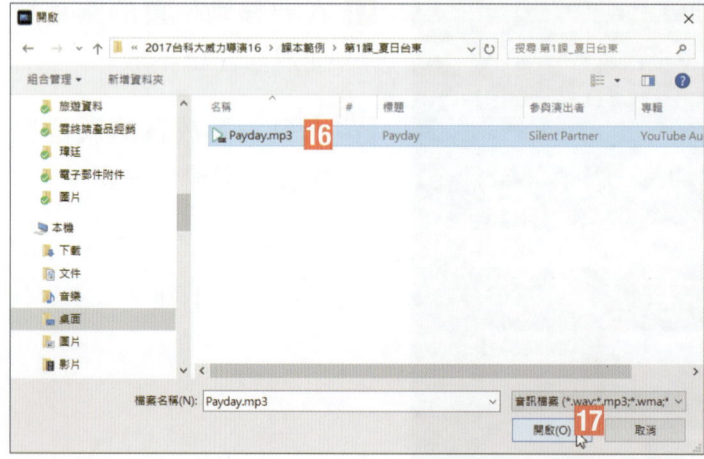

16 選擇【課本範例／第1課_夏日台東】資料夾中的【Payday.mp3】檔案。

17 點選【開啟】鈕。

18 點選【下一步】鈕。

■❘ 預覽影片

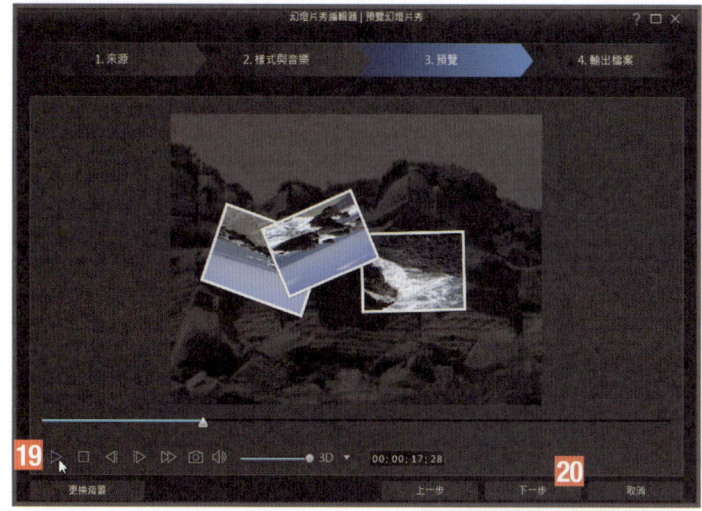

19 按【播放】鈕即可預覽影片成果。

20 按【下一步】鈕。

■❘ 輸出影片檔案

21 點選【輸出視訊】。

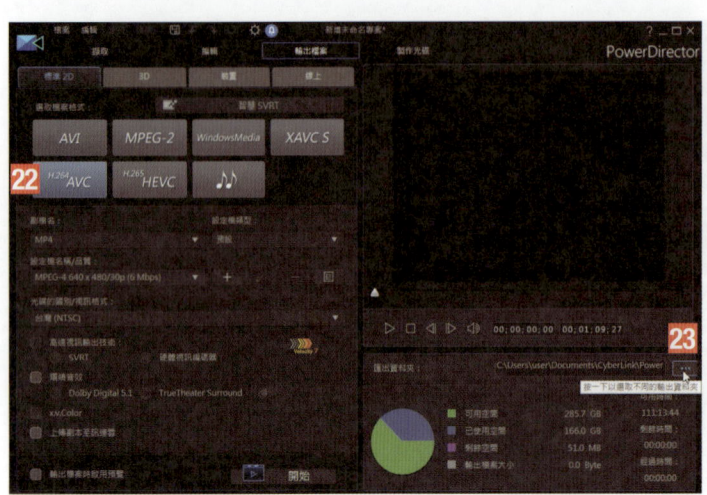

22 點選 H.264 AVC 鈕。

23 按【選取不同的輸出資料夾】鈕。

24 選取要儲存影片的資料夾。

25 輸入檔案名稱【01 夏日台東】。

26 點選【存檔】鈕。

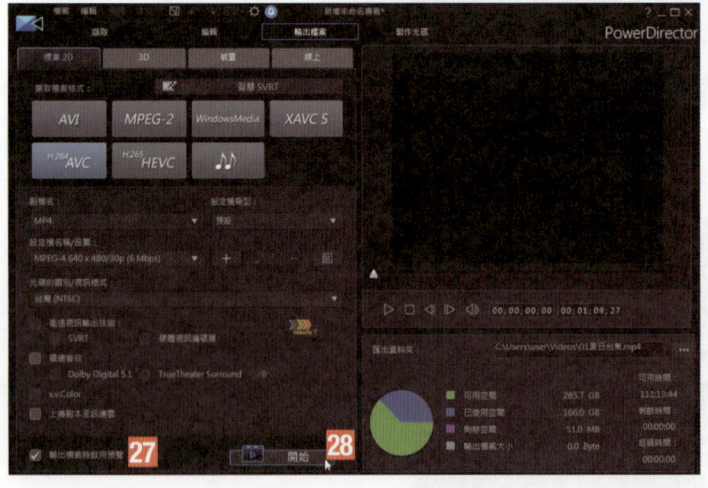

27 勾選【輸出檔案時啟用預覽】。

28 按【開始】鈕。

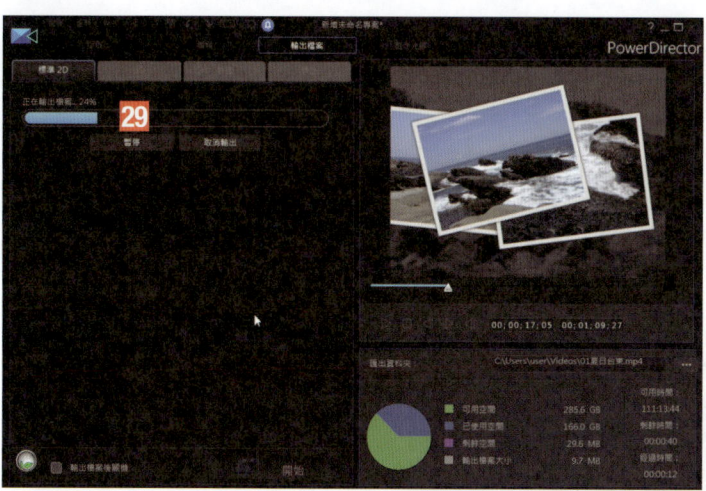

29 可以看到輸出進度。

30 進入儲存影片的資料夾，開啟【01夏日台東.mp4】。

31 電腦就會用預設的播放軟體開始播放製作的成果影片。

■ 匯出專案資料

　　威力導演儲存專案檔案時，會儲存一個副檔名為 psd 的專案檔案，它負責記錄所有相關的媒體在使用電腦的相關位置，但是換另外一台電腦就無法使用，因為媒體還在現在這台電腦中。必須使用【輸出專案資料】的方式，把所有媒體及專案檔都放在一個資料夾中，才能攜帶到其他台電腦繼續編輯使用。

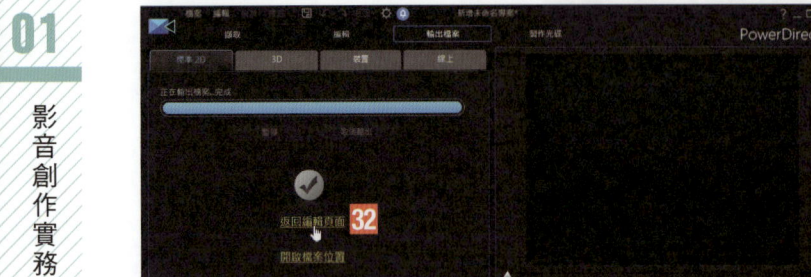

32 影片輸出完成後，點選【返回編輯頁面】。

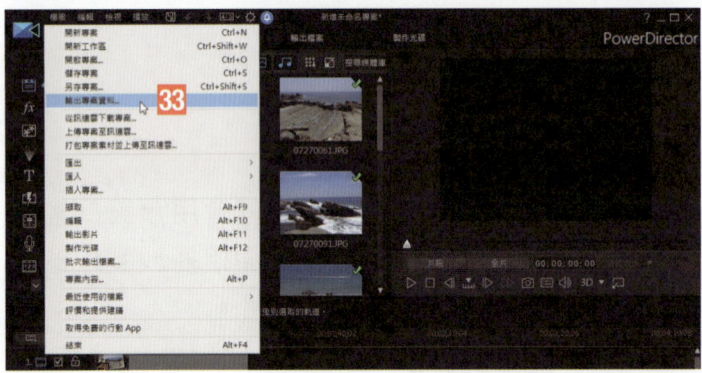

33 選擇功能表【檔案／輸出專案資料】。

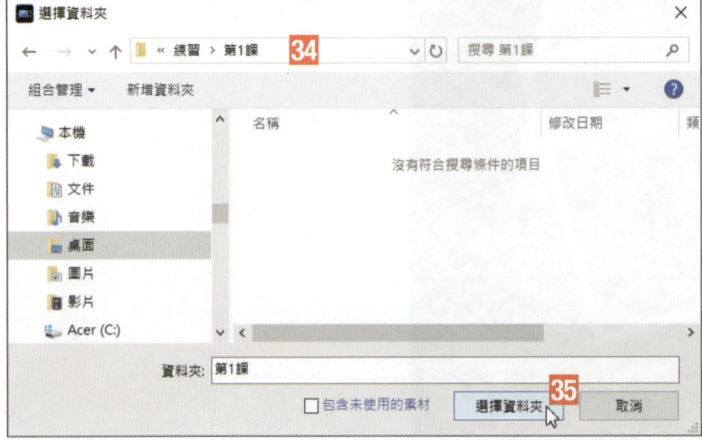

34 選擇【練習／第 1 課】資料夾。

35 按【選擇資料夾】鈕。

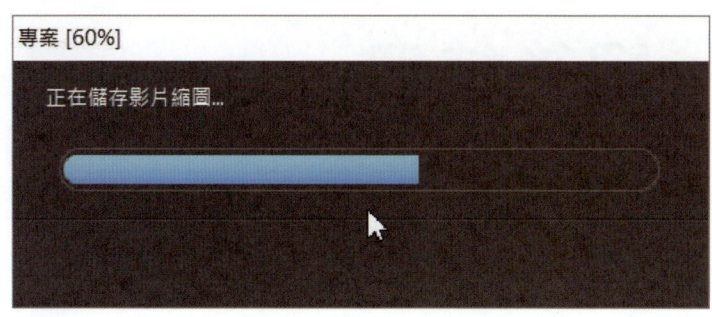

36 完成匯出後,關閉威力導演。

37 開啟輸出的資料夾,可以看到所有的媒體及專案檔案【PackedProject.pds】。

課後練習

選擇題

( ) 1. 下列何者是視訊檔案格式？
 (A) JPG　(B) MP3　(C) WMV　(D) PNG。

( ) 2. 台灣所採用的視訊播放系統規格為何者？
 (A) PAL　(B) SPECAM　(C) NTSC　(D) 以上皆是。

( ) 3. 以下何者為蘋果 APPLE 公司制定的 QuickTime 視訊規格，是常用的網路視訊串流規格？　(A) AVI　(B) WMV　(C) MPEG　(D) MOV。

( ) 4. 常見的音檔格式不包括以下何者？
 (A) MIDI　(B) MP3　(C) WAV　(D) TIF。

( ) 5. 威力導演的影音編輯流程不包含何者？
 (A) 拷貝　(B) 編輯　(C) 輸出檔案　(D) 製作光碟。

( ) 6. 以下何者不是威力導演可快速預設的視訊顯示比例？
 (A) 16：9　(B) 4：3　(C) 3：8　(D) 9：16。

( ) 7. 威力導演沒有提供哪一種工房？
 (A) 媒體工房　(B) 藝術工房　(C) 文字工房　(D) 章節工房。

填充與實作題

1. NTSC 視訊規格頻率為＿＿＿＿＿Hz。

2. 威力導演在啟動程式時，會提示有＿＿＿＿、＿＿＿＿、＿＿＿＿三種編輯模式。

3. 請列出 3 種工房按鈕所包含的功能。

Chapter 02

免費素材媒體

在編輯影片時，常常想要為影片增加一些效果或插圖，以增加影片的質感。有時要從網路上抓些影片或圖片來使用，又怕會侵犯著作權，不用擔心，本章將會針對媒體及素材的取得作詳細介紹，讓你可以取之不盡、用之不竭。

2-1 由威力導演取得 Flickr 圖片

Flickr 是一家同時提供了免費及付費的相片儲存、分享的平台，在使用威力導演時，可以利用媒體工房內建的功能來取得創用 CC 授權的圖片。

1 啟動威力導演，選擇腳本模式。

2 在媒體庫視窗空白處，按滑鼠右鍵選擇【清空媒體庫】。

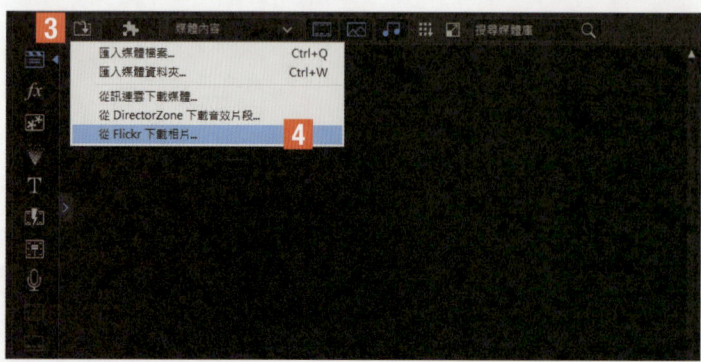

3 在媒體工房中，點選【匯入媒體】鈕。

4 再選擇【從 Flickr 下載相片】。

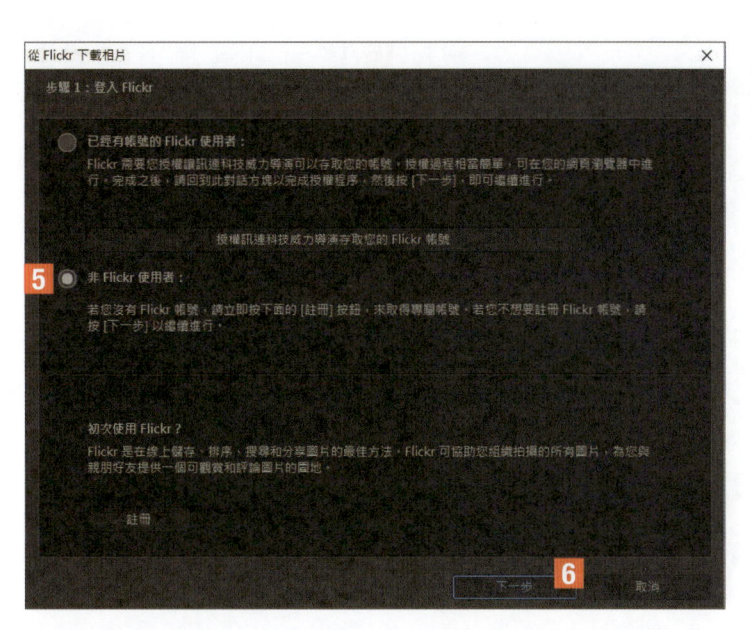

5 點選【非 Flickr 使用者】選項。

6 點選【下一步】鈕。

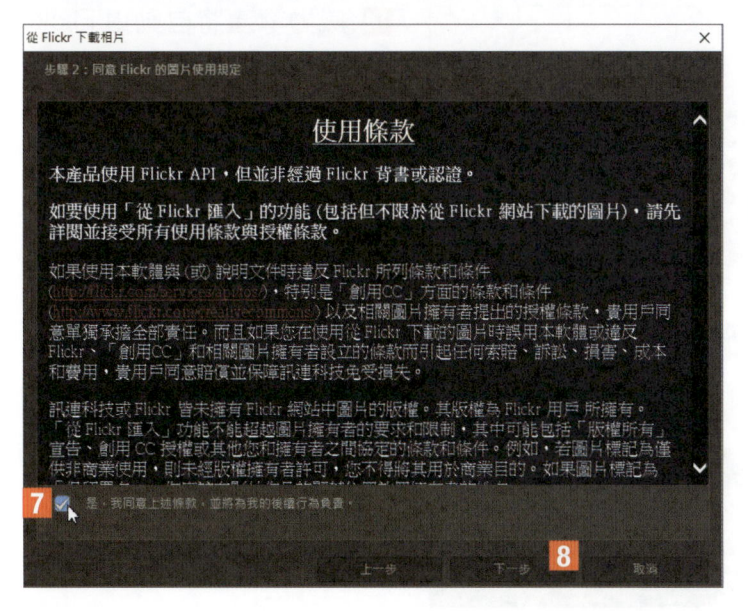

7 在使用條款處勾選【是，我同意上述條款，並為我的後續行為負責】。

8 按【下一步】鈕。

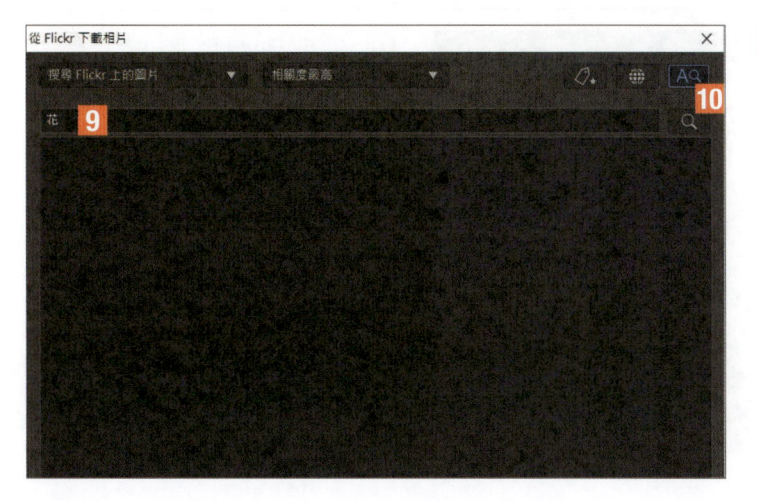

9 在搜尋頁面輸入關鍵字【花】。

10 按【搜尋】鈕。

11 逐一勾選想下載的圖片。

12 按【下一頁➡】鈕翻頁挑選。

13 點選【下載】鈕。

14 威力導演將自動由Flickr把挑選的圖片下載下來。

15 下載的圖片將會放置在媒體工房的媒體庫中。

16 選取所有的圖片，拉到下方的腳本區。

17 點選【新增背景音樂 ♪】鈕。

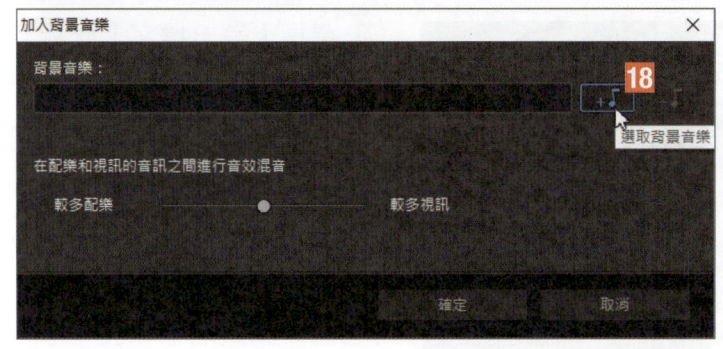

18 點選【選取背景音樂 ♪】鈕。

19 選取【Payday.mp3】。

20 按【開啟】鈕。

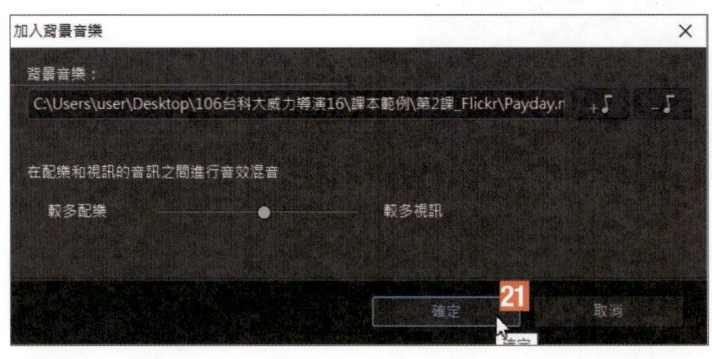

21 按【確定】鈕。

22 點選【全片】。

23 點選【播放】鈕，預覽成果。

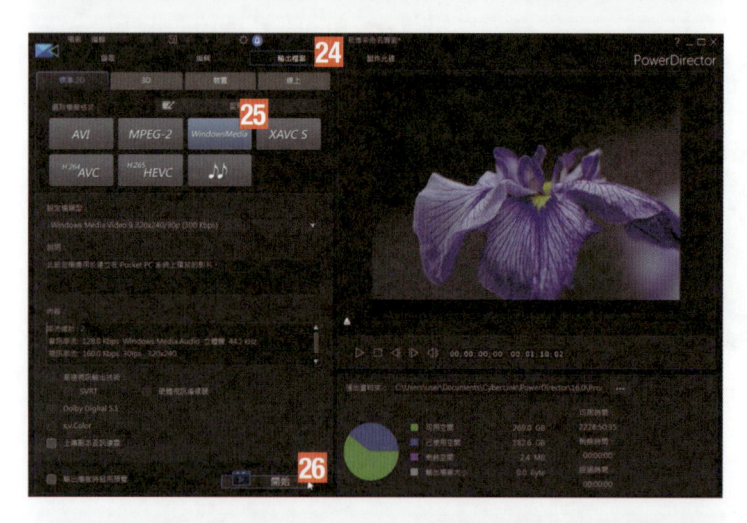

24 選擇【輸出檔案】頁籤。

25 選取檔案格式【WindowsMedia】。

26 按【開始】鈕。

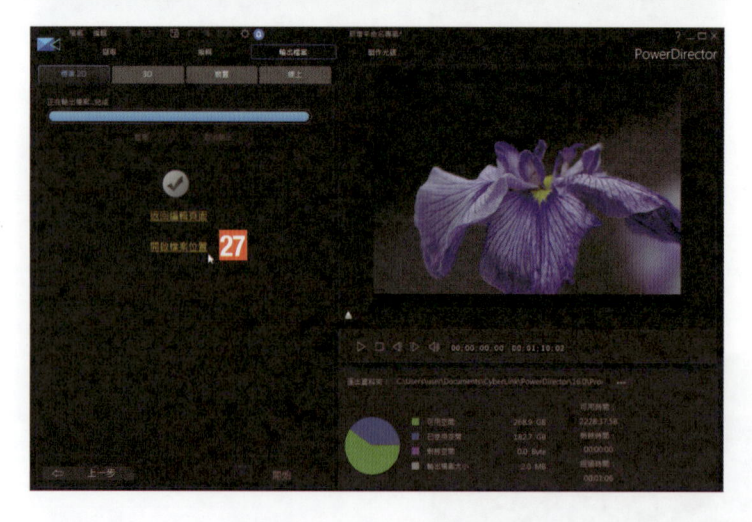

27 輸出檔案後，按【開啟檔案位置】即可播放影片。

2-2 DirectorZone 資源平台

　　DirectorZone 網站是一個免費的服務站台，提供威力導演使用者炫粒、文字、轉場特效、Magic Style、音效片段、快速專案範本等資源。

　　DirectorZone 網站，網址：https://directorzone.cyberlink.com/

1. 進入 Directorzone 網站，點選【登入】鈕。

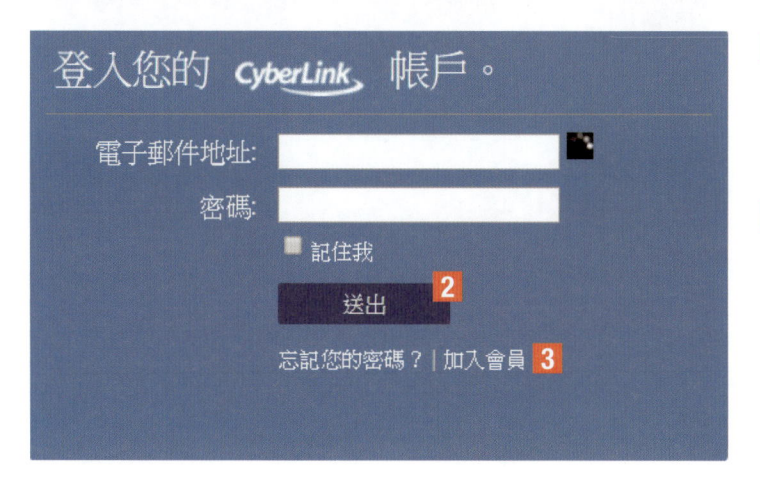

2. 若已有帳號，則可以直接輸入電子郵件及密碼後，按【送出】鈕。

3. 沒有帳號則點選【加入會員】。

4 點選【註冊 DirectorZone 帳號】並填入相關資料。

5 勾選【我同意服務條款以及隱私權政策】

6 按【下一步】鈕。

7 填入個人資料後,按【送出】鈕。

8 回到 Directorzone 網站，點選【音效片段】。

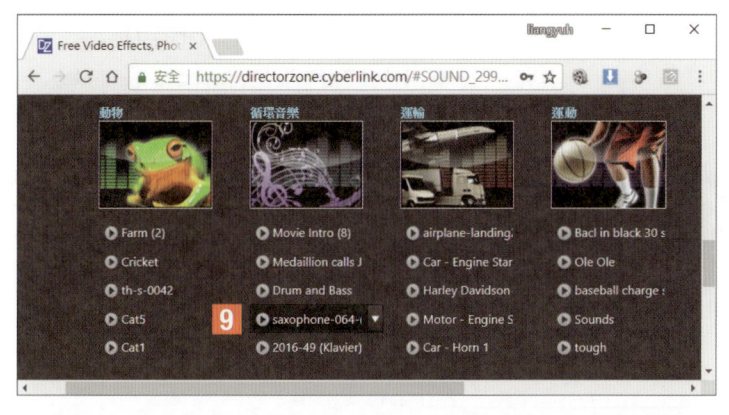

9 在循環音樂處，點選【播放▶】鈕試聽。

10 在喜歡的音樂右側按下【▼】鈕，選擇【下載】。

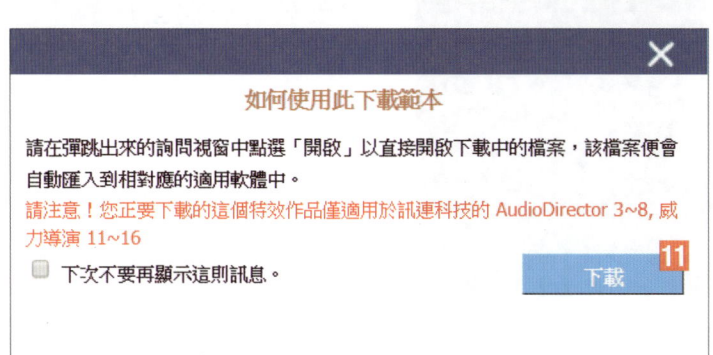

11 聲明下載的素材與範本可以應用在威力導演的哪個版本，並點選【下載】鈕。

Chapter 02 免費素材媒體

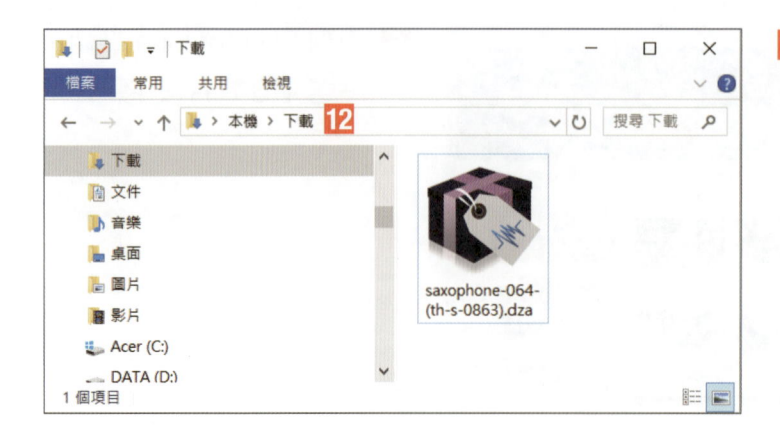

12 媒體素材將會存放到【下載】資料夾中。

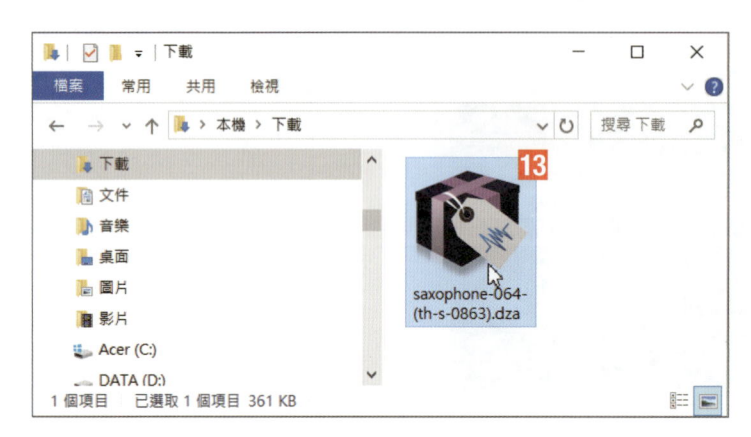

13 在 saxophone-064-（th-s-0863）檔點擊二下執行。

14 音效檔順利安裝，按【確定】鈕。

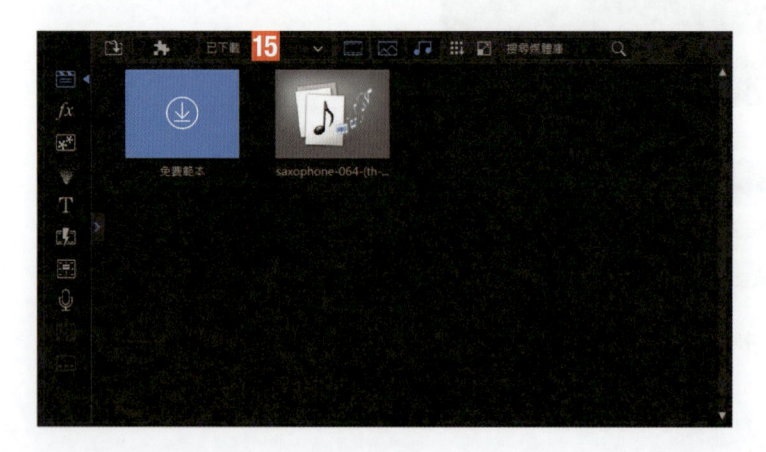

15 循環音樂 saxophone-064-（th-s-0863）將會安裝到媒體工房的【已下載】區。

2-3 免費授權媒體網站

製作網頁、簡報或影片時，常會需要使用豐富的圖片來增添效果。現今網路資訊發達，很容易就可以搜尋到需要的圖片，但是搜尋到的圖片若沒有標明來源，一不注意很可能就會觸犯著作權法。本節將介紹常用的免費授權圖庫網站，無須特別標示圖片來源，讓你不用再擔心侵權問題！

2-3-1 CC0 免費圖庫搜尋引擎

CC0 免費圖庫搜尋引擎整合多個國外免費圖庫網站，一次搜尋大量且高品質的圖片，使用時完全不需要特別標註來源說明，直接檢索需要的圖片關鍵字，便可快速搜尋素材。（網址：http://cc0.wfublog.com/）

1 進入 CC0 免費圖庫搜尋引擎，選擇要搜尋的圖庫網，預設是【Pixabay】。

> **小說明**
> Pixabay 網站收錄超過 1400 萬張的免費相片素材及插圖，可用於商業用途。

2 輸入關鍵字，可以使用中文字搜尋。

3 按【Search】鈕。

4 下方出現搜尋到的圖片。

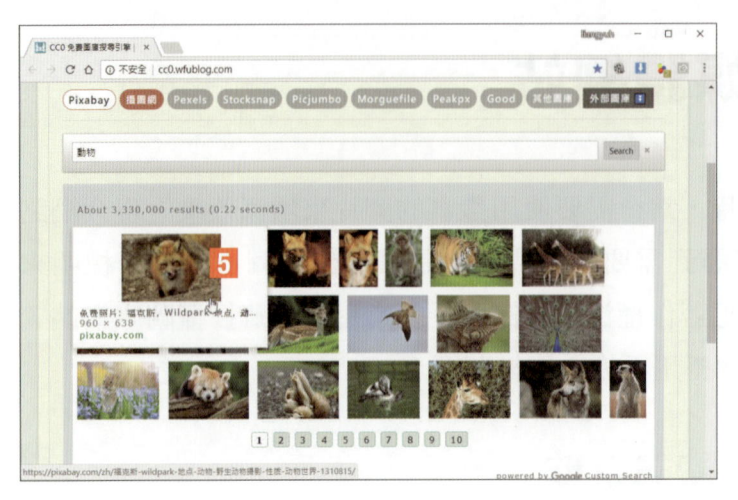

5 滑鼠移動到選擇的圖片上，會顯示圖片資訊，接著點選圖片。

6 導引進入 Pixabay 網站，會出現本圖的授權說明【可以做商業用途，不要求署名】。

7 按【免費下載】鈕。

8 跳出視窗選擇圖片的解析度。

9 按【下載】鈕。

10 勾選【我不是機器人】。

11 按【下載】鈕。

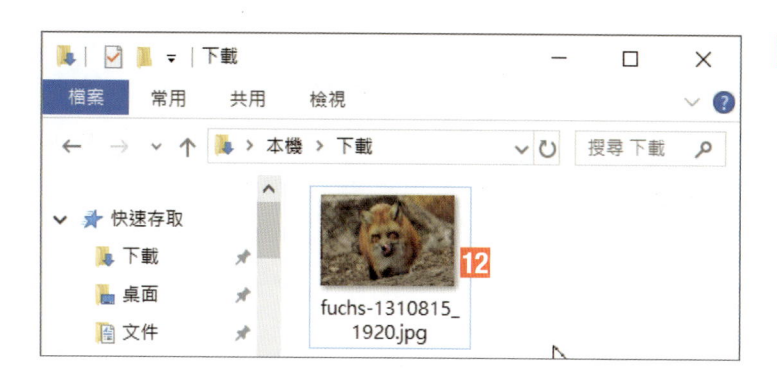

12 圖片檔案即下載完成。

2-3-2 YouTube 音樂庫

對於影片編輯人員而言,有一個很重要但很難找到「免費」又「合法」的素材,就是影片所使用的「背景音樂」。YouTube 現在不只是一個可以搜尋影片、上傳影片的網站,它還提供了一個新的服務「YouTube 音樂庫」,音樂庫是 YouTube 頻道所專用且都是無版權及免費的音樂,使用者可以自由搜尋、編排、剪輯及發布音樂用於商業用途。少數如果該音樂有「姓名標示」時,則必須註明出處,以表彰創作者姓名。(網址:https://www.youtube.com/channel/UCorqI2EE1avwlTCekjfi0LQ)

1 進入 YouTube 音樂庫,在右側可看到版權宣告。

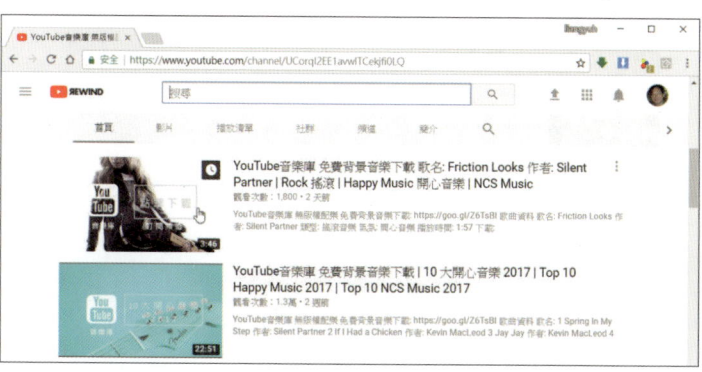

2 向下捲動後,點選喜愛的背景音樂。

Chapter 02 免費素材媒體

41

3 可以按此處訂閱「YouTube 音樂庫 無版權配樂 免費背景音樂下載」頻道。

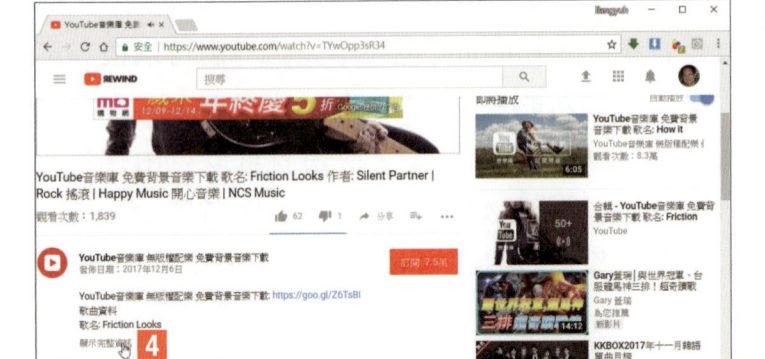

4 點選【顯示完整資訊】。

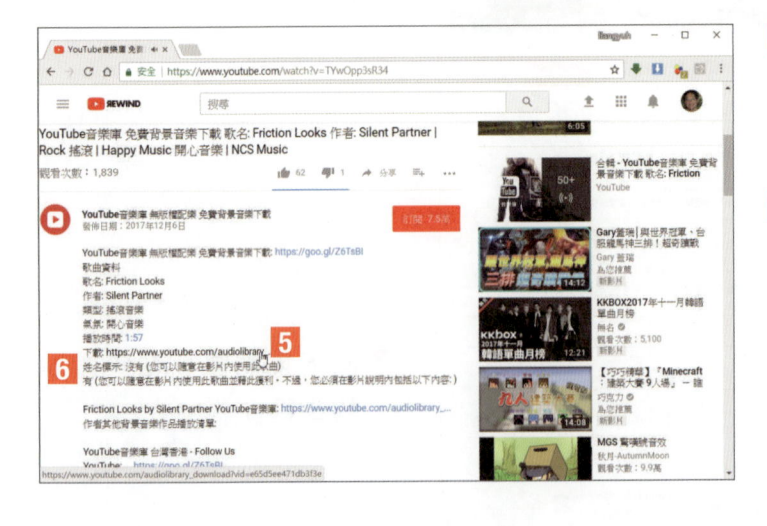

5 點選「下載」的右側超連結，可以直接下載 MP3 格式音樂。

6 需注意本曲音樂的姓名標示說明。

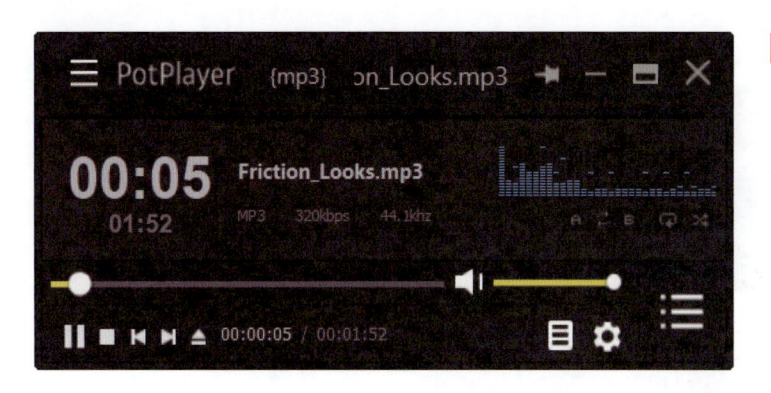

7 直接點選播放試聽。

2-3-3 PEXELS VIDEOS 免費影片

　　Pexels 是一個非常大的免費素材平台，Pexels Videos 是把影片素材獨立出來的網站，它是個 CC0 授權的影片素材網站，網站提供的影片類型包括：大自然、夜景、動物、縮時攝影、城市、食物、科技等等，以 MP4 格式為主，使用者可以合法的將下載影片進行編輯或修改。（網址：https://videos.pexels.com/）

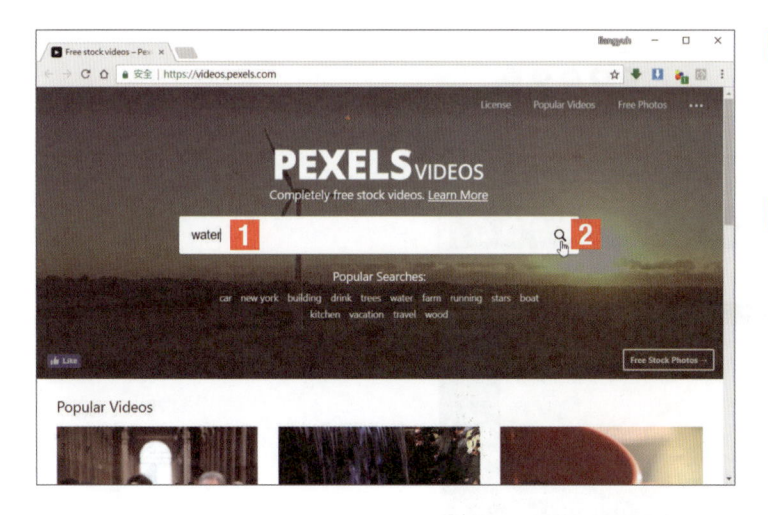

1 進入 Pexels Videos 後，可以看到最受歡歡迎的搜尋及影片。

2 輸入關鍵字後，按【搜尋】鈕。

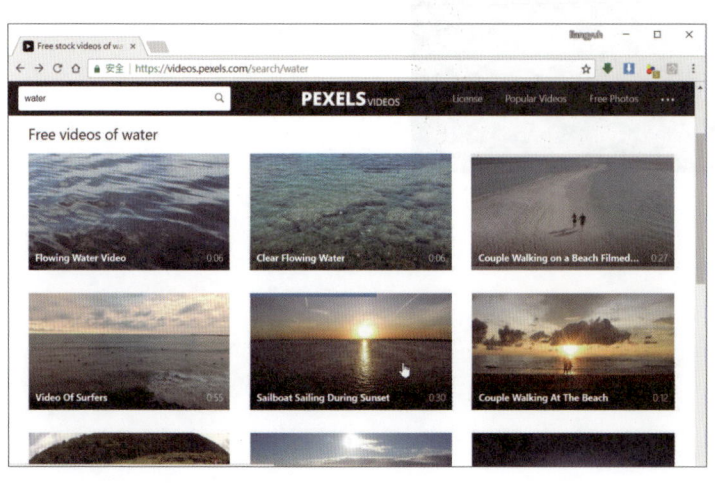

3 滑鼠移到影片上，就會開始自動播放預覽。

4 點選影片。

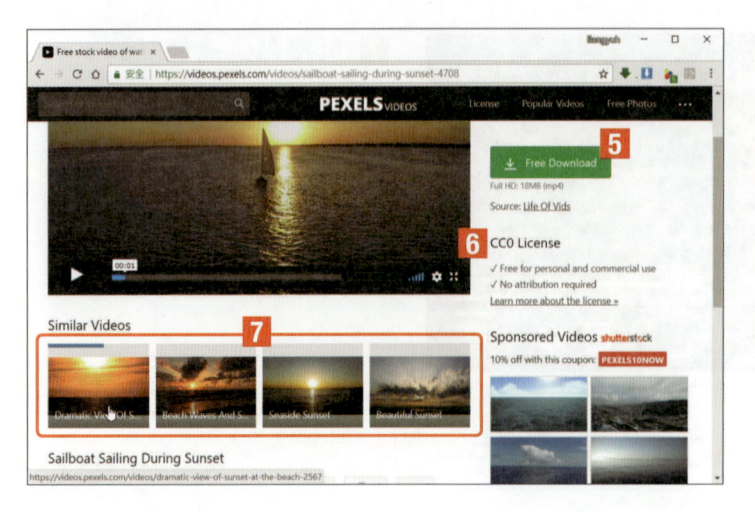

5 按【Free Download】鈕下載。

6 右側會有註明授權，全部都是 CC0 個人、商業都能用。

7 左側下方會有相似的影片推薦參考。

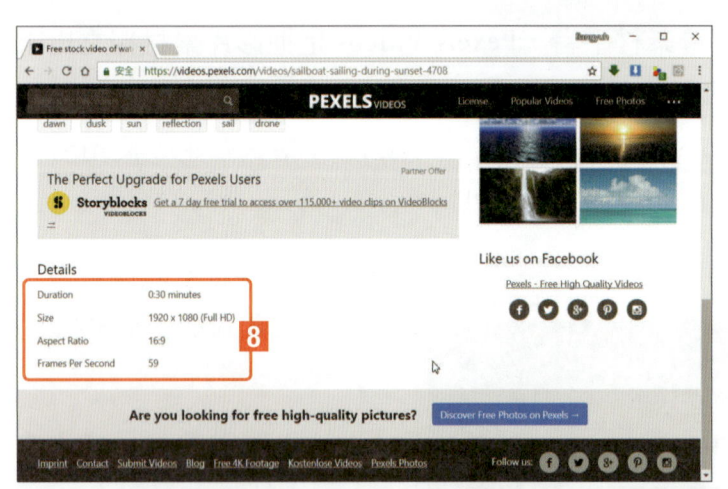

8 頁面往下滑到底部會顯示這部影片的詳細資訊，如：解析度、每秒張數、時間長短等等。

9 下載後播放可發現影片的畫質很高。

2-3-4 創用 CC

現行的著作權法中,著作的使用權利全在著作權人手中,任何「合理使用」之外的利用,都需要事先取得著作權人的授權。這對於想要將其創作流通給別人複製、散布、甚或改作其作品的創作者,反而造成困擾。

著名法律學者 Lawrence Lessig 與具相同理念的先行者,於 2001 年在美國成立 Creative Commons 組織,提出「保留部分權利」的相對思考與作法。Creative Commons 以模組化的簡易條件,透過 4 大授權要素的排列組合,提供了 6 種便利使用的公眾授權條款。創作者可以挑選出最合適自己作品的授權條款,透過簡易的方式自行標示於其作品上,將作品釋出給大眾使用。

而 Creative Commons 所提供的公眾授權條款,在台灣稱為「創用 CC 授權條款」,取其授權方式便於著作的「創」作與使「用」之意。

■ 四個授權要素

創用 CC 授權條款包括「姓名標示」、「非商業性」、「禁止改作」及「相同方式分享」四個授權要素,圖示分別如下:

姓名標示 (BY)	非商業性 (NC)	禁止改作 (ND)	相同方式分享 (SA)
必須按照著作人或授權人所指定的方式,表彰其姓名。	利用人不得因獲取商業利益或私人金錢報酬為主要目的,來利用作品。	僅可以重製作品不得變更、變形或修改。	變更、變形或修改本著作,則僅能依同樣的授權條款來散布該衍生作品。

在以上的四個授權要素中,「禁止改作」與「相同方式分享」剛好相反,不能同時使用。

六種授權條款

四個授權要素,共可以組成六種授權條款,各條款之使用條件為:

標示	授權條款
CC BY	姓名標示
CC BY NC	姓名標示—非商業性
CC BY ND	姓名標示—禁止改作
CC BY NC ND	姓名標示—非商業性—禁止改作
CC BY NC SA	姓名標示—非商業性—相同方式分享
CC BY SA	姓名標示—相同方式分享

創用 CC 對作者及使用者的優點

如果你是創作人將自己的創作以創用 CC 授權釋出時,你可以根據需求來挑選適合的授權條款釋出你的作品。使用「創用 CC 授權條款」不但可保障個人的著作權利,也能讓使用者清楚地了解使用、散布著作的條件。

如果你是使用創用 CC 授權作品的使用者,透過清楚標示於作品上的創用 CC 授權標章,依據創作人對該作品的使用要求及限制,可以合法地使用該作品。

可以透過【台灣創用 CC 計畫素材搜尋】來尋找以創用 CC 授權釋出的著作。
（網址：http://creativecommons.tw/search）

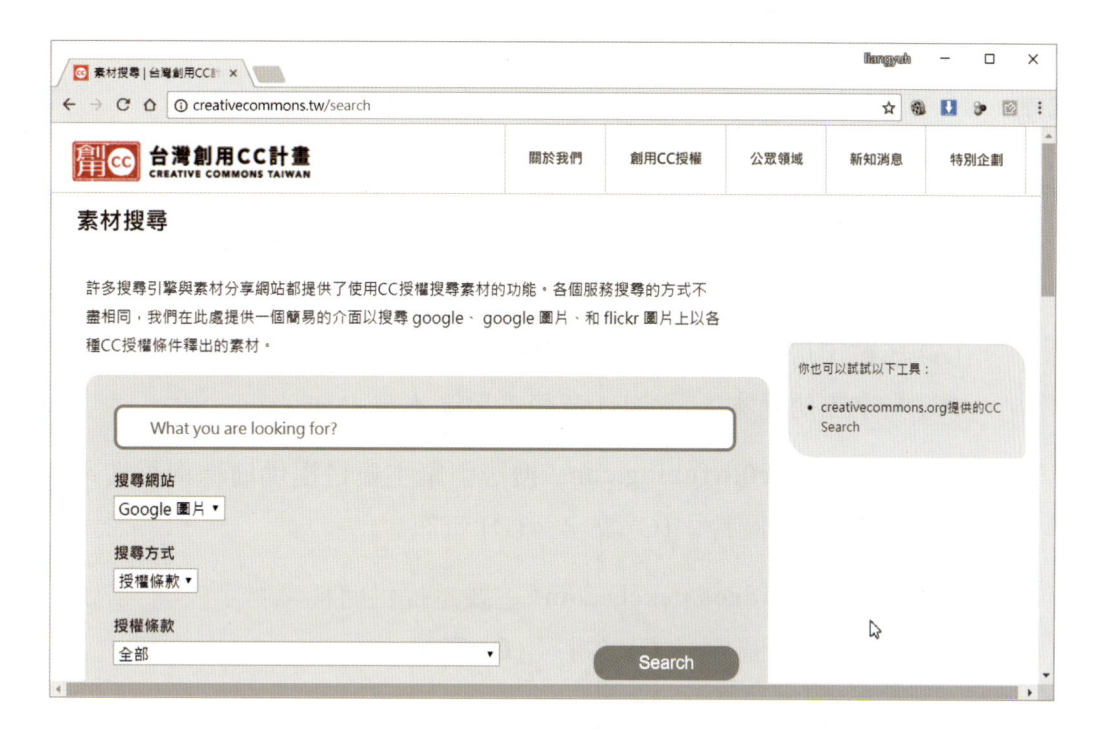

選擇題

(　　) 1. 威力導演可以由 Flickr 網站下載何種媒體素材？
   (A) 影片　(B) 圖片　(C) 文字　(D) 音訊。

(　　) 2. 在 DirectorZone 網站中可以提供多種範本下載，但並不包含下列何者？
   (A) 炫粒工房範本　　　(B) 轉場特效範本
   (C) 文字工房範本　　　(D) 章節工房範本。

(　　) 3. 網址：http://cc0.wfublog.com/ 搜尋引擎主要是提供何種素材搜尋？
   (A) 影片　(B) 圖片　(C) 文字　(D) 音訊。

(　　) 4. 網址：http://videos.pexels.com/ 主要是提供何種素材？
   (A) 影片　(B) 圖片　(C) 文字　(D) 音訊。

填充與實作題

1. 在 YouTube 音樂庫提供免費又合法的音樂素材，但有少數註明要＿＿＿＿＿＿標示時，必須註明出處，以表彰創作者。

2. 威力導演的專案檔案格式是＿＿＿＿＿＿。

3. 威力導演的註冊方式除了直接註冊 DirectorZone 帳號外，還可以使用＿＿＿＿＿＿帳號註冊。

4. 創用 CC 以模組化的簡易條件，透過＿＿＿＿＿＿種授權要素的組合，提供了＿＿＿＿＿＿種公眾授權條款。

5. 請到 Flickr 網站下載 3 個「海浪」的圖片檔案。

6. 請到 Pexels 網站下載 2 個「湖邊」的影片檔案。

7. 請到 DirectorZone 註冊完成，並下載 2 首音效片段到威力導演。

Chapter 03

車埕采風
─素材與專案管理

進入威力導演時，軟體會預先開啟一個空白的專案來進行編輯視訊內容，而編輯大型的作品時，要匯入的素材很多，有視訊、圖片、音訊等，匯入的素材會和不同類型的素材混在一起，則可以利用檔案總管來進行分類管理素材檔案。

3-1 標籤管理

使用的媒體素材很多時,可透過檔案總管新增標籤來分類管理存放素材,透過標籤的管理,可以快速地找到所需要的素材。

新增標籤

1. 點選【媒體工房】。
2. 按【顯示／隱藏檔案總管檢視 > 】鈕。

3. 按【加入新標籤】鈕。

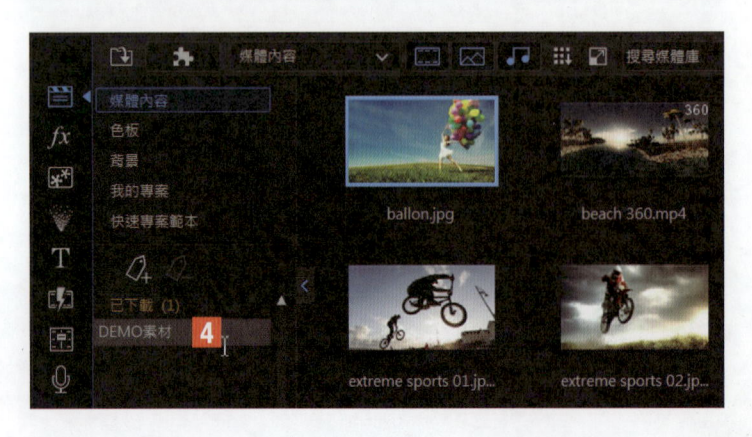

4. 輸入標籤名稱。

5 逐一將要放入的素材圖示拖曳到標籤名稱。

6 點選標籤名稱可以看到分類的素材。

7 也可以點選上方。

■ 標籤重新命名

8 在標籤名稱上按滑鼠右鍵，可選擇【重新命名標籤】。

9 重新輸入新的標籤名稱。

刪除標籤

10 在【標籤名稱】處按滑鼠右鍵，可選擇【刪除標籤】。

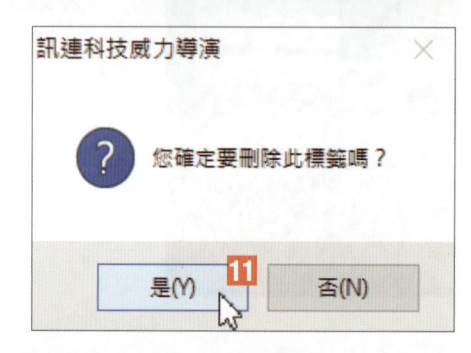

11 按【是】則確定刪除。

12 標籤刪除後，素材內容仍然會保留在【媒體內容】中。

將素材匯入標籤

新建標籤後，可以直接將素材匯入標籤中，不用一一地整理搬移。

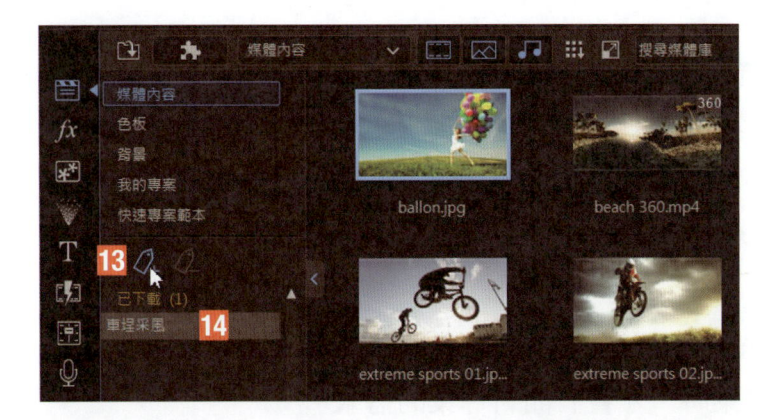

13 按【加入新標籤】鈕。

14 輸入標籤名稱後，點選標籤。

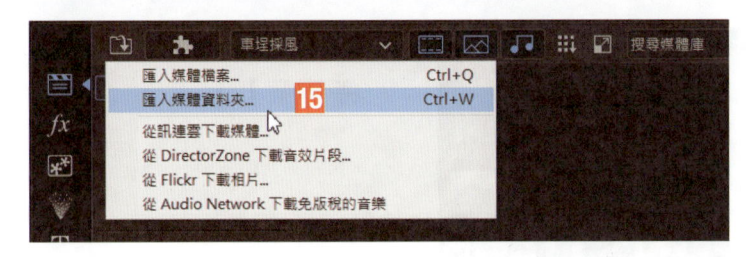

15 按【匯入媒體】鈕，選擇【匯入媒體資料夾】。

16 選取【第3課_車埕采風】資料夾。

17 按【選擇資料夾】。

18 可看到素材都匯入【車埕采風】標籤了。

3-2 專案管理

專案檔案的特色是它只儲存編輯時的記錄,並沒有儲存所有的素材內容,所以檔案很小。當開啟專案檔案時,它會自動連結該專案的素材,所以如果素材被搬移或刪除時,專案就會找不到原先的素材。

◼◀ 開新專案

進入威力導演時,會預先開啟一個空白的專案,所以不用特別開啟新的專案檔,若是要製作一個全新的專案時,才會有開新專案的需求。

1 選擇功能表【檔案／開新專案】。

2 會將原先匯入的素材及時間軸都清空,重新匯入威力導演提供的範例素材。

開新工作區

若是要保留匯入的素材重新製作一個新的影片時，就可以選用開新工作區的方式。

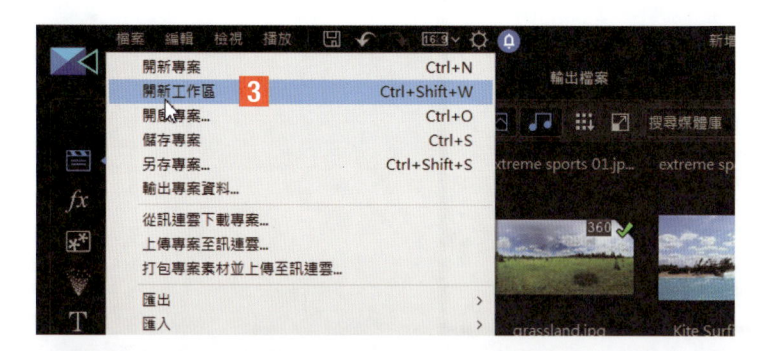

3 選擇功能表【檔案／開新工作區】。

4 媒體資料庫的素材將會保留下來。

5 時間軸則會被清空。

儲存專案／另存專案

影片每編輯到一個段落時，要時常記得儲存專案，以免當機或不小心造成毀損。已儲存過的專案，若要以其他檔案儲存，則要另存專案。

6 【新增未命名專案＊】標題表示檔案尚未儲存。

7 選擇【檔案／儲存專案】。

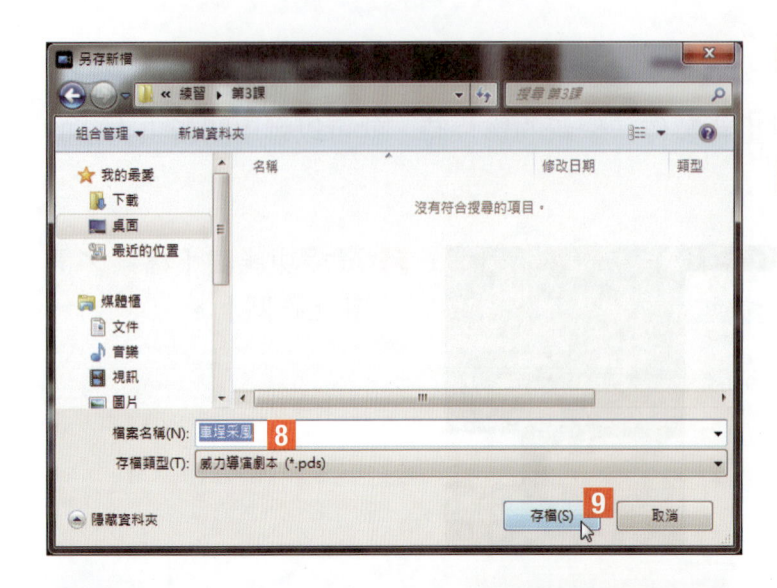

8 輸入檔名，檔案的存檔類型為 pds 檔。

9 按【存檔】鈕。

10 有標題則表示專案已儲存過。

11 選擇【檔案／另存專案】。

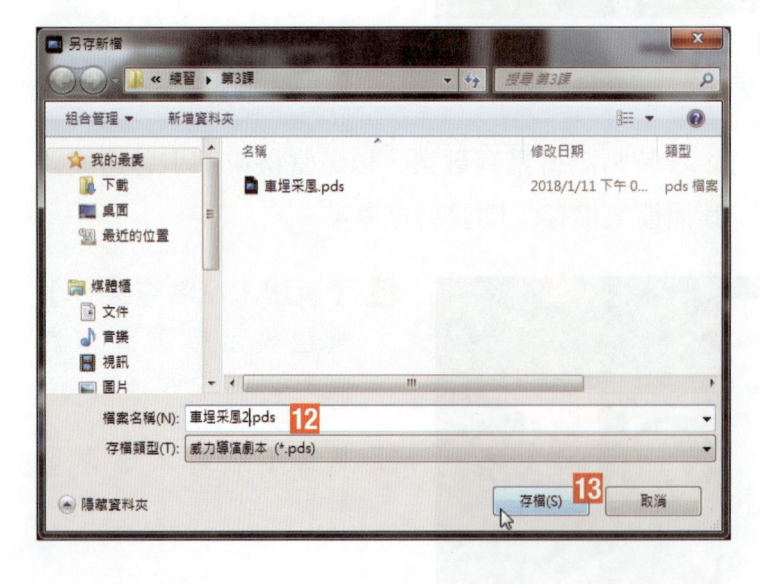

12 輸入新檔名。

13 按【存檔】鈕。

開啟專案

14 選擇【檔案／開啟專案】。

15 選擇專案檔案。

16 按【開啟舊檔】鈕。

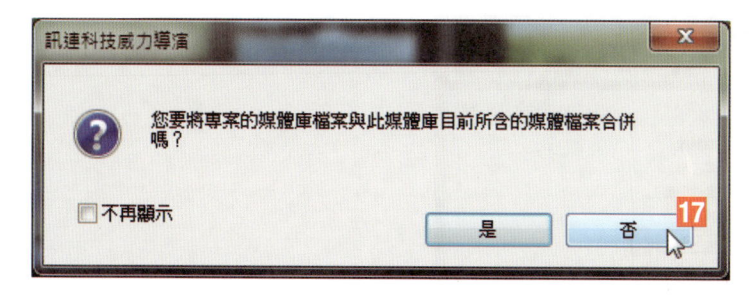

17 選擇【否】，不要與目前媒體案合併。

■ 輸出專案資料

當專案完成後，若是要備份全部專案的素材檔案，以便在更換使用不同電腦時，可以繼續編輯專案時，就需要使用輸出專案資料。

18 選擇【檔案／輸出專案資料】。

19 點選【新增資料夾】鈕。

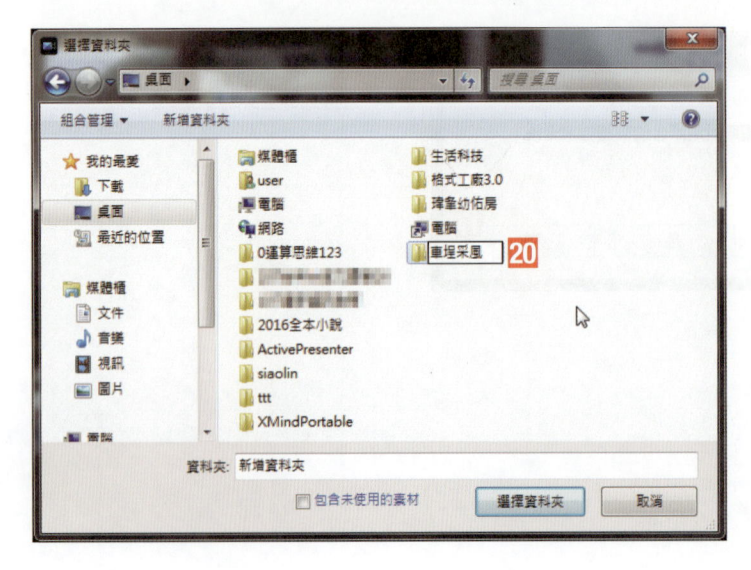

20 輸入資料夾名稱。

21 點選要放置的資料夾。

22 按【選擇資料夾】鈕。

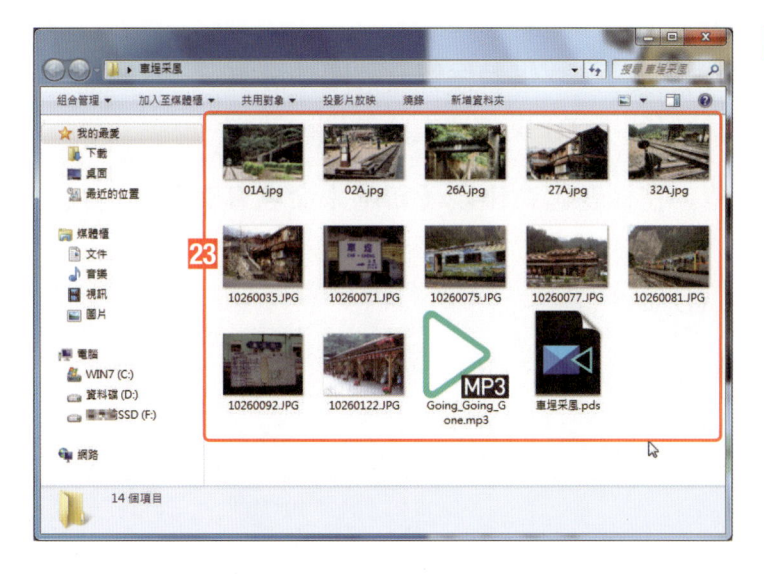

23 開啟指定的資料夾,可以看到內含有專案檔及所有使用到的素材。

課後練習

選擇題

(　　) 1. 威力導演的標籤可以在哪個工房中應用？
   (A) 炫粒工房　(B) 章節工房　(C) 文字工房　(D) 媒體工房。

(　　) 2. 將威力導演的標籤移除後，會造成媒體何種情形？
   (A) 媒體刪除　(B) 媒體保留　(C) 媒體複製　(D) 媒體隱藏。

(　　) 3. 將威力導演開新工作區時，原來媒體資料庫的素材及時間軸將會是何種情形？
   (A) 媒體保留、時間軸保留　(B) 媒體保留、時間軸清空
   (C) 媒體清空、時間軸保留　(D) 媒體清空、時間軸清空。

(　　) 4. 威力導演尚未儲存時，在標題區會出現【新增未命名專案】及何種符號？
   (A) #　(B) %　(C) *　(D) @。

(　　) 5. 威力導演的專案檔案類型格式為下列何者？
   (A) PDS　(B) PPT　(C) ABS　(D) DDT。

填充與實作題

1. 威力導演的＿＿＿＿＿＿功能，可以將專案檔及專案內使用的所有素材打包到指定目錄。

2. 請新增「海浪」標籤，並將上節下載的「海浪」圖片檔案放入標籤區內。

3. 將上節下載的「湖邊」的影片匯入並在時間軸編輯，建立【湖邊】專案檔並匯出專案檔及所有素材。

Chapter 04

慕尼黑城區觀光
─視訊編輯

影片拍攝時通常不大可能完全符合需求，可能有路人誤入或影片過長／過短等問題，透過視訊的分割、裁切、修補／加強及相片處理等工作，可以讓影片達到去蕪存菁的目的。視訊的基礎切割包含：單一影片修剪、視訊與音訊處理、拍攝視訊快照等功能。

4-1 設定圖片顯示比例

若拍攝的影片是來自同一台相機或攝影機時，並不用特別注意影片的顯示比例，但若是來自不同機器時，就必須指定影片的尺寸。本範例的照片是 4：3，影片是 16：9，所以採取 16：9 顯示比例。

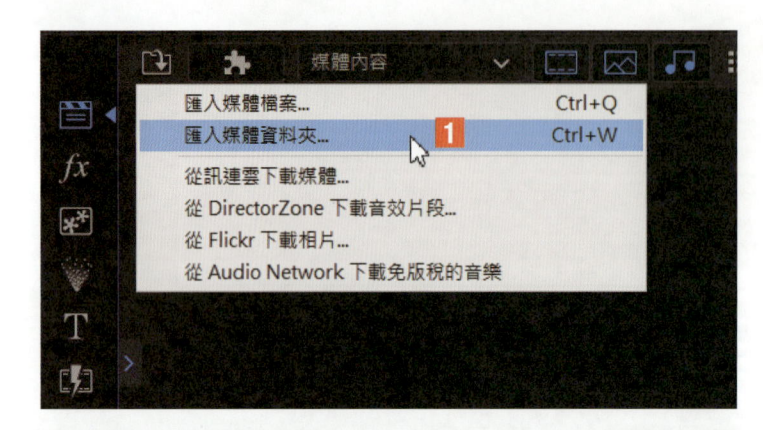

1 進入威力導演，先清空媒體庫後，選擇【媒體工房／匯入媒體／匯入媒體資料夾】。

2 匯入【第 4 課＿慕尼黑城區觀光】資料夾。

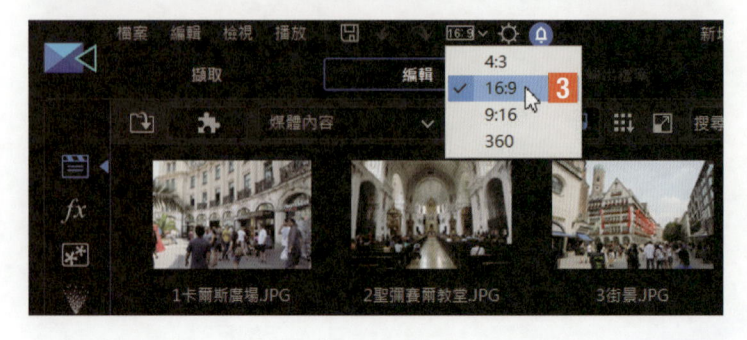

3 選擇設定專案顯示比例為【16：9】。

4 選擇【檔案／儲存專案】存檔為【4慕尼黑城區觀光.pds】。

5 點選影片。

6 可看到充滿整個16：9螢幕畫面。

7 點選照片。

8 可以看到螢幕畫面是4：3，左右邊出現空白區域。

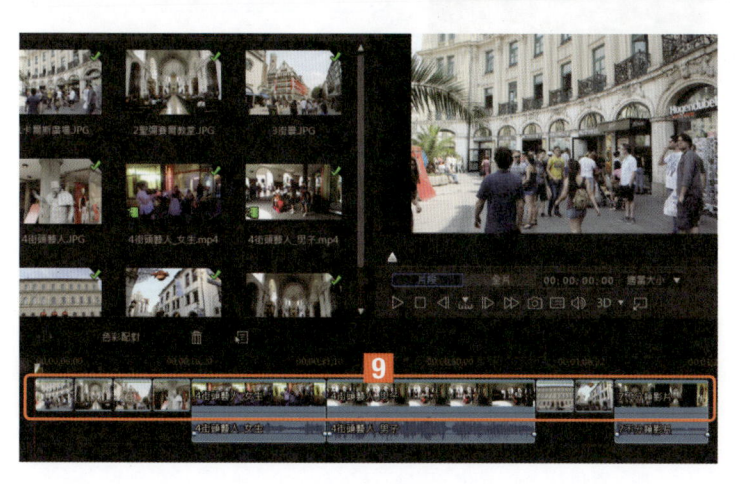

9 將所有媒體都拖曳到時間軸。

Chapter 04 慕尼黑城區觀光─視訊編輯

63

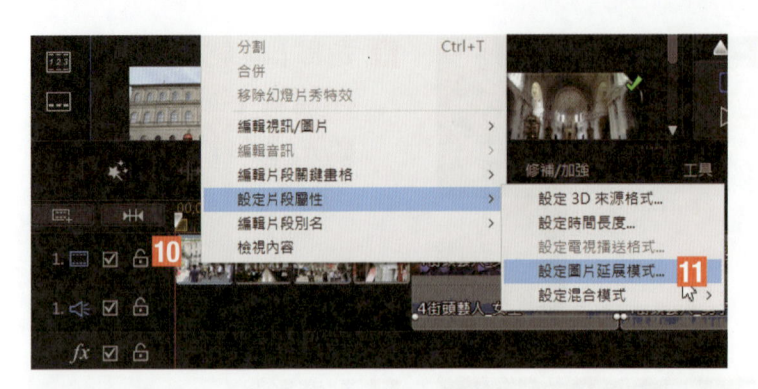

10 在時間軸處點選照片。

11 按滑鼠右鍵，選擇【設定片段屬性／設定圖片延展模式】。

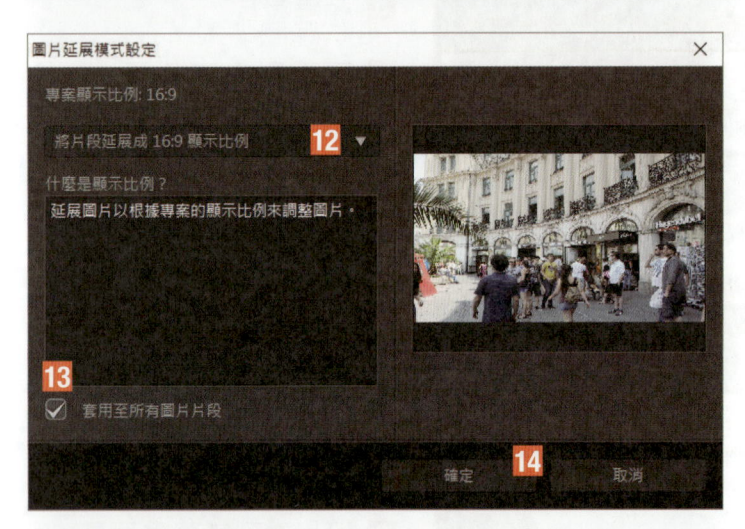

12 選擇【將片段延展成16：9顯示比例】。

13 勾選【套用至所有圖片片段】。

14 按【確定】鈕。

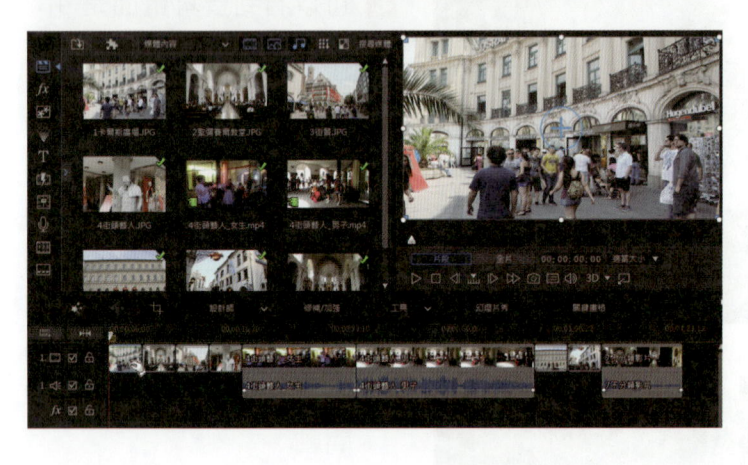

15 點選時間軸上的照片，每張都會延展成16：9顯示比例。

小說明
媒體工房中的照片仍然保持預設的4：3比例。

4-2 影片分割修剪

4-2-1 分割選取片段

若是要將一段視訊分割為二段時,可以利用【分割選取片段】功能來完成。

1 點選時間軸【4街頭藝人_女生.mp4】片段。

2 按播放鈕觀看影片內容,確定要分割的時間位置。

3 按下【分割選取的片段】鈕。

4 影片分割變成二段，點選後面那段影片。

5 按【移除選取的片段 🗑 】鈕。

6 選擇【移除、填滿空隙和移動所有片段】。

7 移除後，後方的視訊都自動往前移動。

4-2-2 單一修剪

要將影片精彩部分保留的最簡單方法,就是把影片剪後多餘的部分畫面刪除掉,只留精華片段畫面。

1 點選【4 街頭藝人_男子.mp4】影片片段。

2 按【修剪選取片段中不想要的部分 ✂ 】鈕。

3 點選【單一修剪】頁籤。

4 按【播放 ▷】鈕,可看到有女士突然走過鏡頭前。利用【暫停 ❚❚ 】鈕來暫停影片。

5 利用【上一個畫格 ◁】鈕和【下一個畫格 ▷】鈕來微調開始位置。

6 在要開始進入的位置,按【起始標記】鈕。

7 在要結束退出的位置，按【結束標記】鈕。

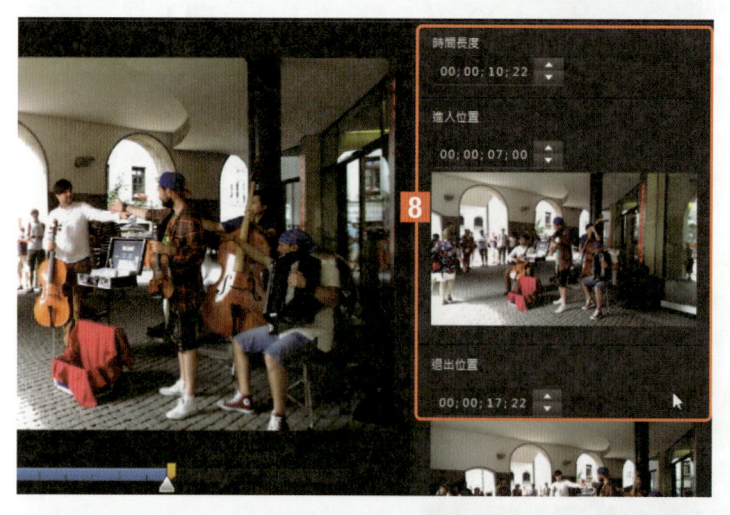

8 在右側視窗將會顯示修剪影片後的時間長度、進入位置時間、退出位置時間。

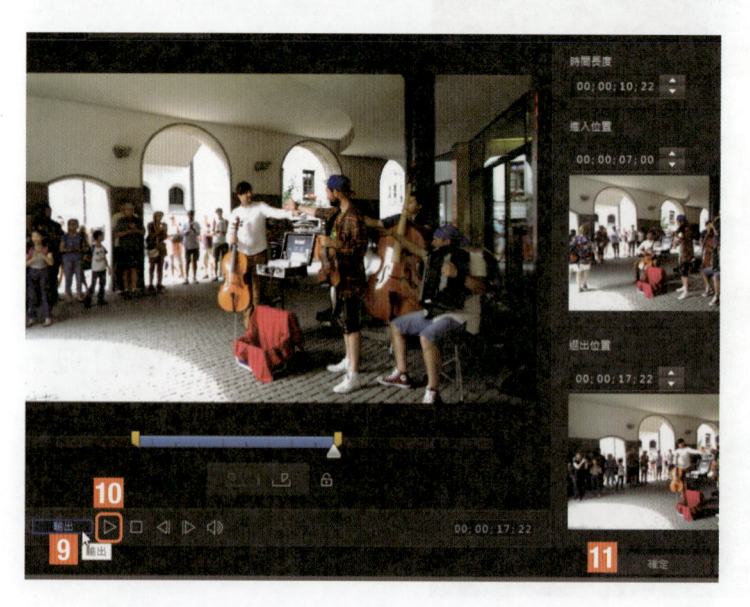

9 按【輸出】鈕。

10 按【播放】鈕，只會播放修剪後即將輸出的片段。

11 按【確定】鈕離開。

12 時間軸將會顯示修剪後的影片片段。

4-2-3 多重修剪

影片中如果包含多個場景時，要逐一進行切割修剪，相當費時且不易精準，這時就可以利用多重修剪的功能了。

1 點選【7 不分類影片.mp4】影片片段。

2 按【修剪選取片段中不想要的部分 ✂ 】鈕。

3 點選【多重修剪】頁籤。

4 下方有【起始標記 】鈕、【結束標記 】鈕及【增加 ⊕ ／ ⊖ 減少放大倍率】鈕可進行較精細的標記。

5 按【偵測場景】鈕。

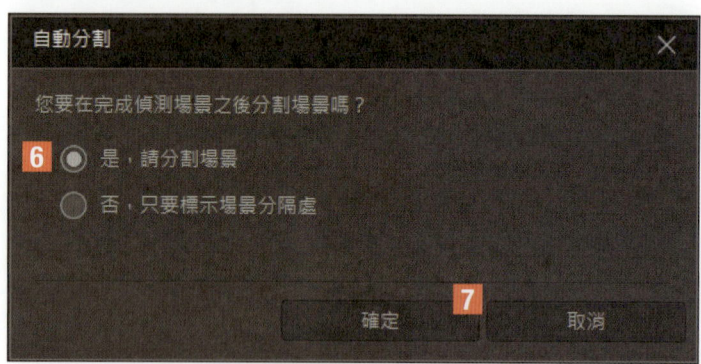

6 點選【是，請分割場景】。

7 按【確定】鈕。

8 右側可以看到影片依場景分割為 4 段。

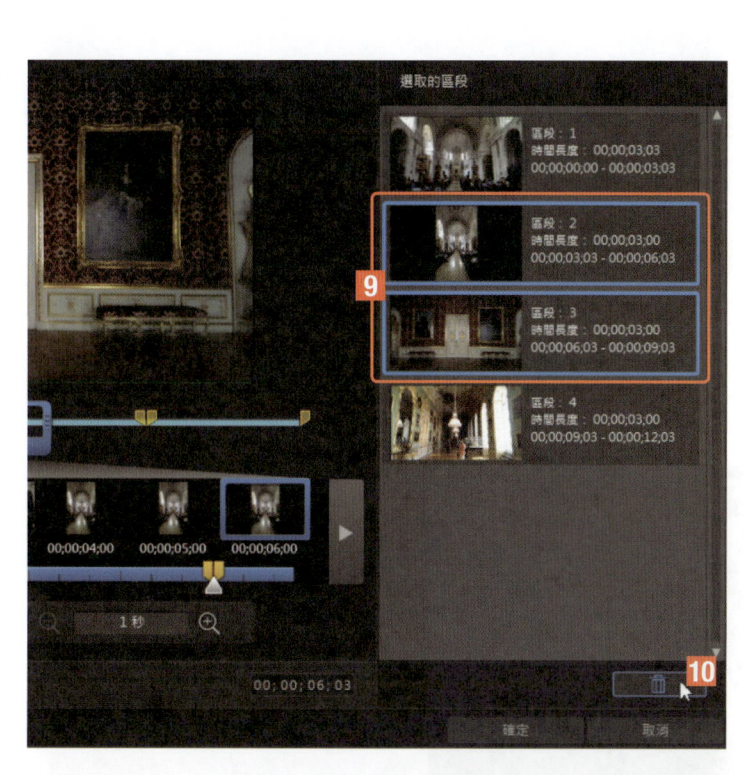

9 配合【Ctrl】鍵選取【區段2】及【區段3】。

10 按【移除 🗑】鈕移除區段影片。

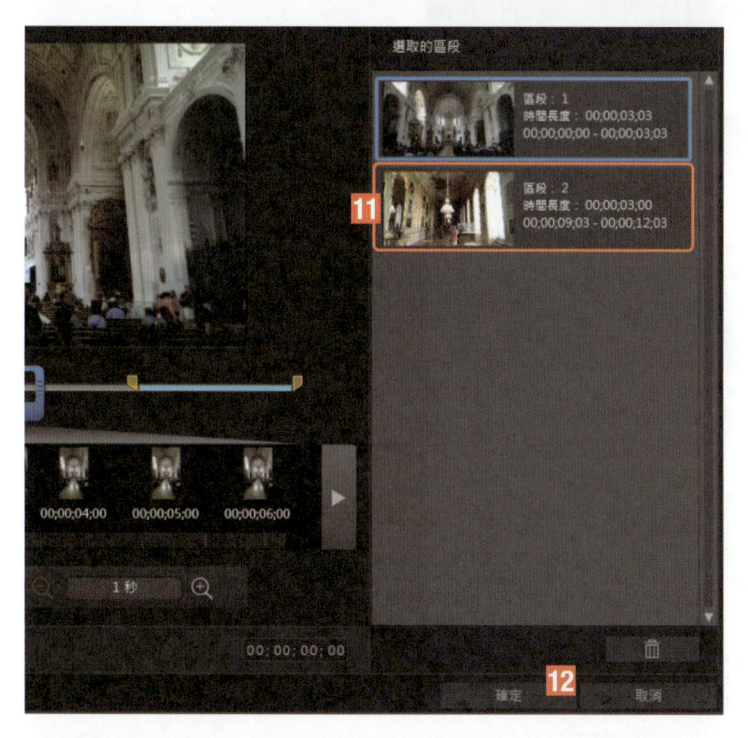

11 原先的【區段4】自動變更為【區段2】。

12 按【確定】鈕。

13 原先的【7 不分類影片.mp4】被自動修剪成2段影片場景。

Chapter **04** 慕尼黑城區觀光—視訊編輯

4-3 視訊靜音

拍攝影片時會將當時現場的聲音都錄進來，若影片中有吵雜的聲音會讓影片感覺很不舒服，這時就可以採取靜音的方式來處理。

■◀ 全部靜音

1 在時間軸左側，將聲音軌選擇停用（取消勾選 ☐ ），則該聲音軌中所有的聲音都會呈現靜音。

2 將聲音軌選擇啟用（選擇勾選 ☑ ），則該聲音軌中所有的聲音都會恢復播放。

■ 片段靜音

3 先確定聲音軌已啟用。

4 點選【4街頭藝人_女生.mp4】視訊片段。

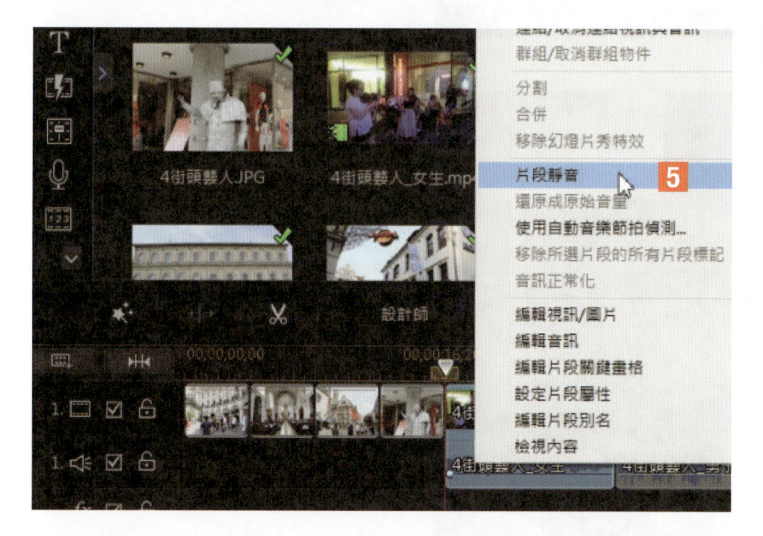

5 按滑鼠右鍵,選擇【片段靜音】。

6 按【播放】鈕會發現本段影片呈現靜音狀態,但播至【4街頭藝人_男子.mp4】時,聲音又會出現了。

Chapter 04 慕尼黑城區觀光─視訊編輯

取消連結視訊與音訊

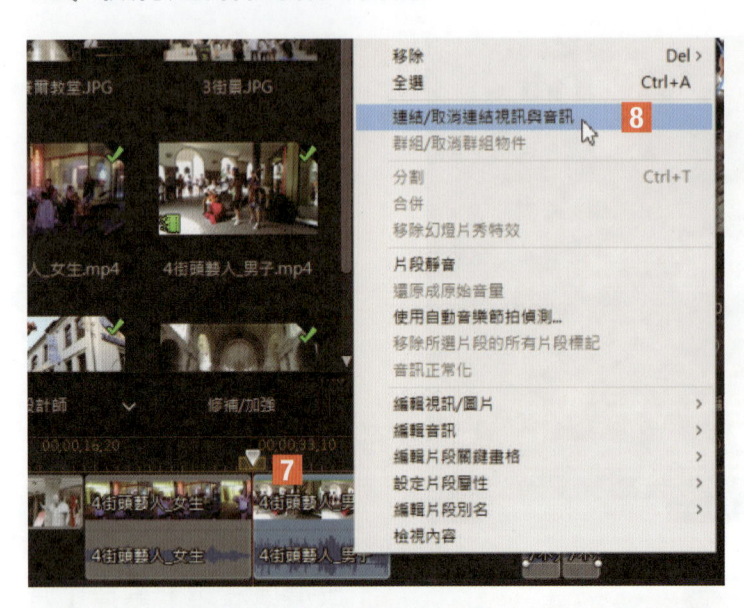

7 點選【4街頭藝人_男子.mp4】視訊片段。

8 按滑鼠右鍵選擇【取消連結視訊與音訊】。

9 可以看到視訊與音訊已經分開可個別處理。

10 將該段音訊拖曳到影片最前端。

11 按【播放】鈕，音訊就會在一開始時就播放了。

4-4 視訊修補／加強

拍攝的影片有可能出現燈光太暗、太亮或顏色偏差、雜音太多等問題，這些都可以利用【修補／加強】功能來處理，也可以利用它來作特殊的效果。

■ 調整光線

1 點選【7不分類影片．mp4】片段。

2 按【修補／加強】鈕。

3 勾選【在分割預覽視窗中比較結果】。

4 勾選【調整光線】。

5 把【光線拉桿】拉到最右邊。

6 在預覽視窗可以看到調整前後的結果。

■ 調整色彩

7 勾選【調整色彩】。

8 拖曳調整各屬性【拉桿】位置。

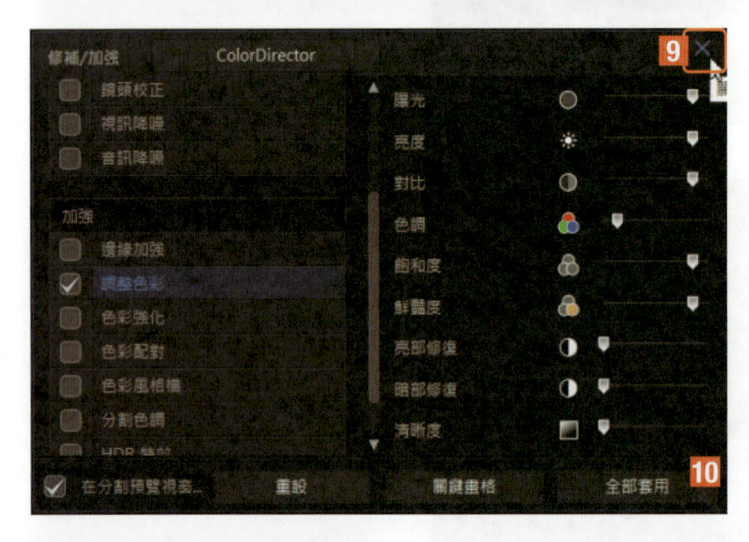

9 按【關閉 ✕】鈕則此效果只套用在該視訊片段。

10 若是按【全部套用】鈕，則會把效果套用在同一軌的所有視訊片段。

11 滑鼠游標移到影片片段的 i 符號上，會顯示出使用了哪些【修補／加強】效果。

◼ 色彩風格檔

12 點選【4 街頭藝人_女生.mp4】片段。

13 按【修補/加強】鈕。

14 勾選【色彩風格檔】。

15 再勾選【60 年代家庭影片】。

16 按【關閉❌】鈕。

◼ 開新工作區

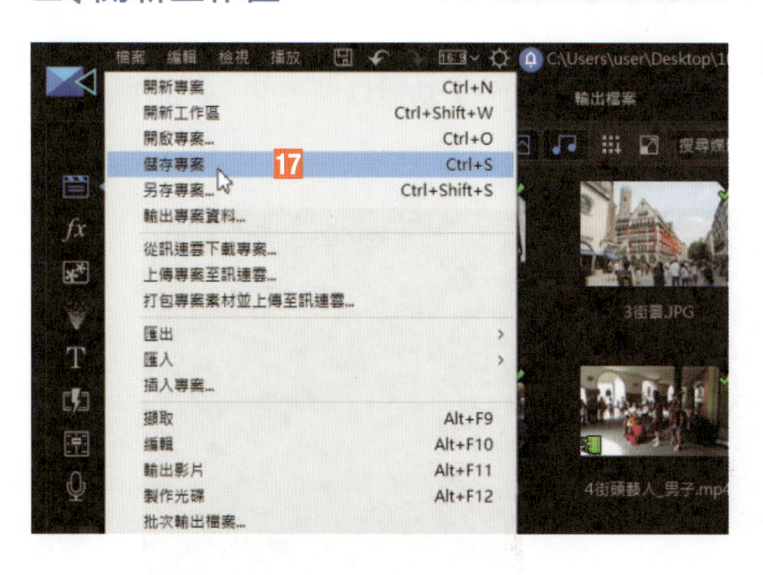

17 記得隨時選擇功能表【檔案/儲存專案】或按快速鍵【Ctrl+S】來儲存專案。

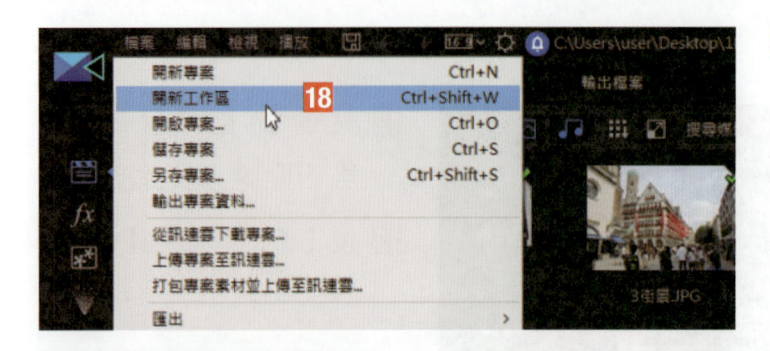

18 選擇功能表【檔案／開新工作區】。

19 重新開一個新空白專案。

20 保留媒體工房內的素材。

21 清空所有時間軸的編輯資料。

　　威力導演提供了 6 項【修補】及 8 項【加強】功能以供使用，列表作個簡單說明：

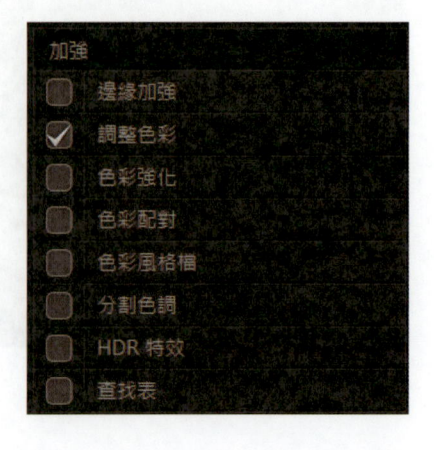

功能		說　　明
修補功能	調整光線	調整亮度比例，適合在視訊片段或圖片有過暗或過亮情形，或背光太強時使用。
	白平衡	色溫及色調：調整片段創造特定氛圍，如冬季或夏季效果。 白校正：選取視訊或圖片中應為白色的區域，自動調整其他色彩，讓片段變得更鮮豔及逼真。**如果您使用白校正，就無法使用其他的修補或加強功能。**
	視訊穩定器	採用動作補償技術來修正受手震影響的視訊。
	鏡頭校正	選擇拍攝攝影機的鏡頭設定檔，以自動修正圖片／視訊。 ● 魚眼變形：手動修正有魚眼變形的片段。 ● 移除暗角：手動移除相片中因為相機鏡頭或照明環境而產生不想要的暗角效果。
	視訊降噪	可移除視訊片段中的視訊雜訊，如電視訊號等雜訊。
	音訊降噪	可用於在戶外、室內、車內或吵雜地點所錄到的視訊片段，改善音訊品質及減少背景雜訊。
加強功能	邊緣加強	改善視訊的清晰度、提升取樣技術，讓視訊擁有高畫質視訊的質感。
	調整色彩	可手動調整視訊圖片或相片的色彩屬性（曝光、亮度、對比、色調等），可以使用滑桿調整各項屬性： ● 曝光：較低的值可讓片段色彩變暗，較高的值可讓色彩變亮。 ● 亮度：增加或降低媒體片段的亮度。 ● 對比：調整媒體片段中明亮和陰暗區域之間的對比差異。 ● 色調：微調媒體片段中色彩的純淨度。 ● 飽和度：較小值會偏向黑白色，較高值會提高片段色彩濃度。 ● 鮮豔度：用來強化平淡的色彩，讓媒體片段色彩更明亮生動。 ● 亮部修復：將媒體片段曝光過度的區域，恢復反白和明亮區域的細節。 ● 暗部修復：將陰影和曝光不足區域變亮，強化媒體片段中暗部的細節。 ● 清晰度：調整媒體片段的銳利度總量。
	色彩強化	會動態調整視訊中的色彩飽和度比率，但是不會影響膚色色調。
	色彩配對	可透過專案中一個片段的色彩值，套用變更到另一個所選視訊的色彩。
	色彩風格檔	套用隨附預設的色彩風格檔於視訊片段，立即轉換片段的色彩和外觀。
	分割色調	可在視訊上製作富有創意的色彩特效，例如 Lomo 特效等。
	HDR 特效	HDR（高動態範圍）特效可調整視訊圖片中的邊緣光線範圍，重現因視訊曝光產生亮度對比而遺失的細節。
	查找表	使用色彩查找表（CLUT）來將影片片段中的色域轉換成另一個色域，以確保所有影片片段具有相同的外觀和風格。

課後練習

選擇題

(　　) 1. 威力導演常用的影片顯示比例為何者？
(A) 3：8　(B) 6：9　(C) 16：9　(D) 6：4。

(　　) 2. 要讓圖片充滿整個畫面，不留下四周的空白時，要選用【設定片段屬性】的哪個功能？
(A) 設定混合模式　　　　(B) 設定圖片延展模式
(C) 設定 3D 來源格式　　(D) 設定電視播送模式。

(　　) 3. 威力導演要分割選取片段時，要使用下列哪個按鈕？
(A) ✨　(B) ⊞　(C) ✂　(D) 🗑。

(　　) 4. 威力導演要保留精彩片段，進行單一修剪時，要使用下列哪個按鈕？
(A) ✨　(B) ⊞　(C) ✂　(D) ⛶。

(　　) 5. 在威力導演進行多重修剪時，要進行偵測場景應使用哪個按鈕？
(A) ↔　(B) ◣　(C) ◪　(D) 🎞。

(　　) 6. 要設定視訊靜音時，要將下列哪個軌道的勾選取消？
(A) 🎞 ☐　(B) 🔊 ☐　(C) fx ☐　(D) T ☐。

填充題

1. 威力導演採用 16：9 顯示比例時，若是照片為 4：3 時，＿＿＿＿＿＿邊會出現空白區域。

2. 要將時間軸的影片視訊軌及音訊軌分離時，可以使用＿＿＿＿＿＿功能。

3. 要調整視訊的光線時，可以點選時間軸視訊後，按＿＿＿＿＿＿鈕。

Chapter 05

新天鵝堡 I
一 標題與字幕應用

視訊影片常見會使用文字的場所有：片頭、字幕及片尾等，適度地加入文字內容及效果可以為製作的影片增加可看性。
- 片頭：包含主標題及副標題，可讓觀眾了解影片主題、簡述及製作單位等。
- 字幕：用於解說文字與對話內容等，也可適用於不同國家人士觀看以了解影片內容。
- 片尾：作為謝幕之用，可加上感謝的話語並列出工作人員及協助單位。

5-1 文字工房應用

標題文字主要是在進入影片前,向觀眾介紹影片的主題及重點。大部分直接利用文字工房中的範本修改而成,或連網到 DirectorZone 下載範本應用。

5-1-1 文字工房預設範本

直接套用文字工房中的預設範本後,再稍作修改是最有效率的方法。

1 開新工作區後,清空媒體櫃。

2 匯入【第5課_新天鵝堡】媒體資料夾。

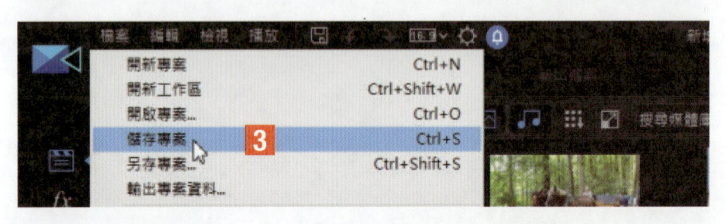

3 選擇功能表【檔案／儲存專案】,儲存為【5 新天鵝堡 .pds】。

4 將第 1～8 媒體拖曳到時間軸第 1 軌,預設照片的媒體片段播放時間為 5 秒。

設定片段時間長度

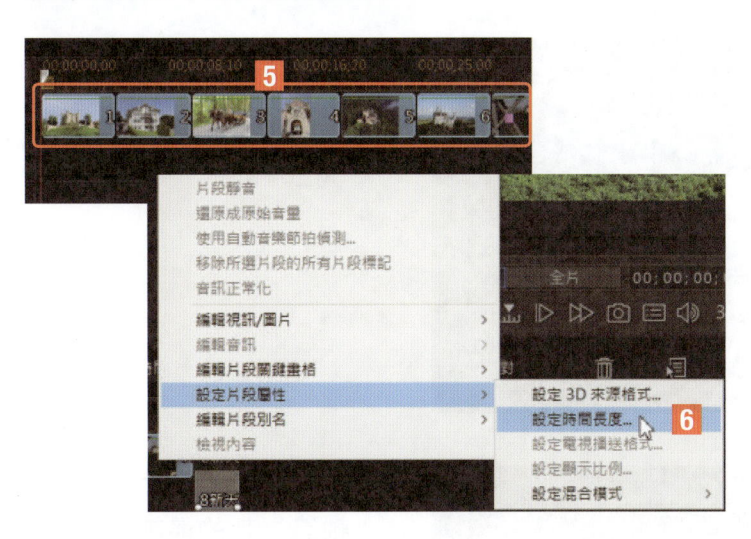

5 配合 Shift 鍵，選取時間軸第1軌1～7媒體片段。

6 按滑鼠右鍵，選擇【設定片段屬性／設定時間長度】。

7 將每個片段設定為8秒。

8 可以看到整段影片的時間都改變了。

■ 使用文字工房範本

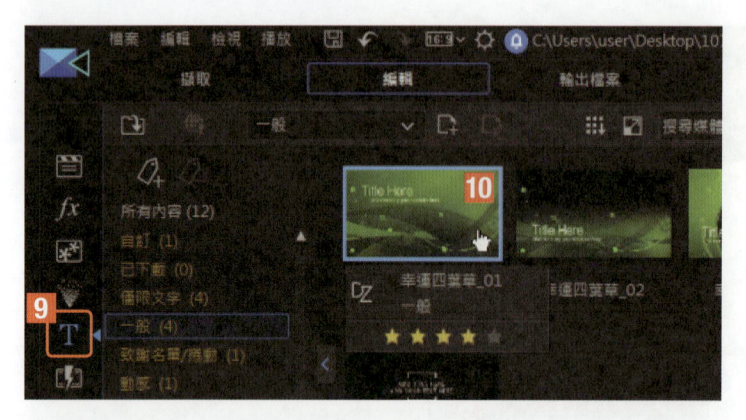

9 選擇【文字工房】。

10 選擇【一般／幸運四葉草_01】。

11 將範本縮圖拖曳到時間軸第1軌的最前處。

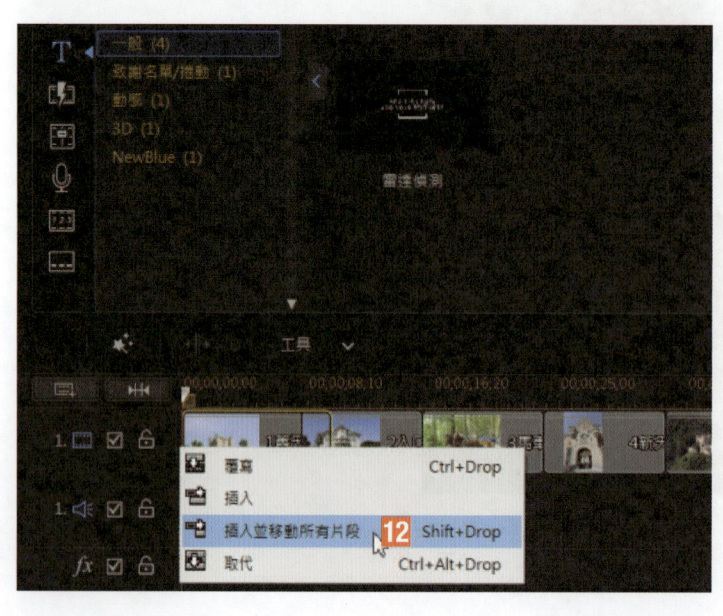

12 選擇【插入並移動所有片段】。

13 插入片頭會自動把後面的媒體片段往後移動。

文字工房設計師

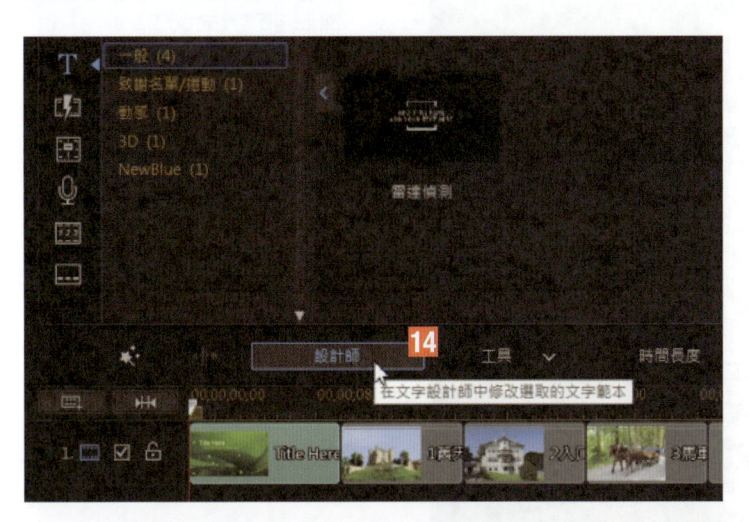

14 點選【設計師】。

15 點選【基本模式】,可以進入簡易的模式先練習一下。

16 點選【Title Here】文字。

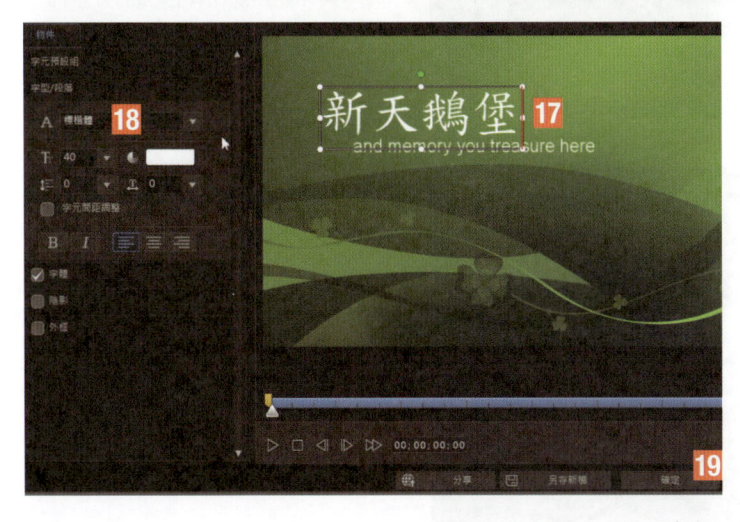

17 輸入【新天鵝堡】文字。

18 設定【標楷體】。

19 按【確定】鈕。

Chapter 05 新天鵝堡 I ─ 標題與字幕應用

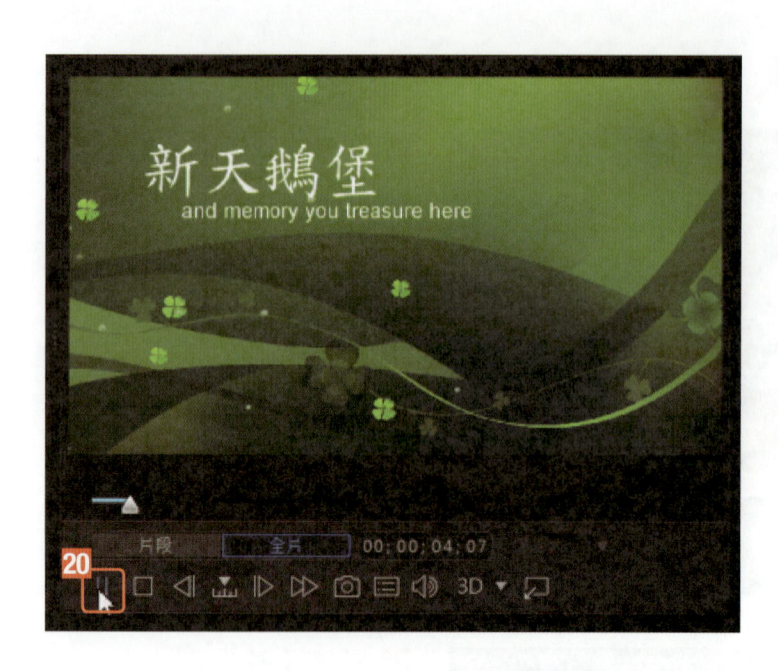

20 按【播放】鈕，就可看到片頭文字效果。

5-1-2 DirectorZone 文字範本

若是文字工房沒有適合的預設範本可套用時，可連網到 DirectorZone 網站去搜尋有沒有喜愛的文字範本可下載應用。

■ 下載文字範本

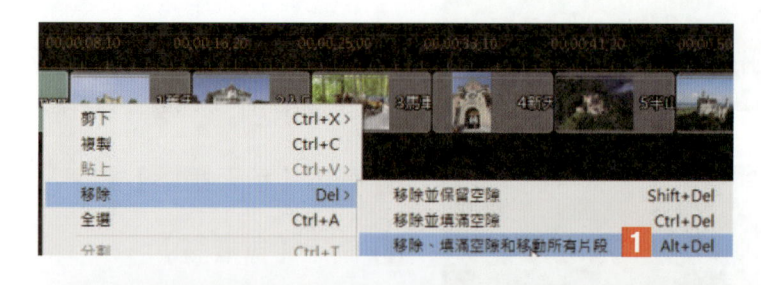

1 點選片頭後，按滑鼠右鍵選擇【移除／移除、填滿空隙和移動所有片段】。

2 選擇【文字工房／已下載／免費範本】。

3 自動進入 DirectorZone 網站的【文字範本】區。

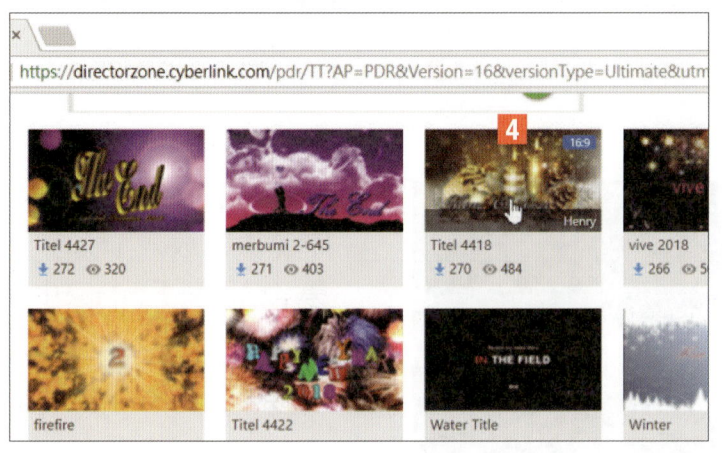

4 向下尋找，點選【Titel 4418】。

> **小說明**
> 下載的文字範本有 16：9 和 4：3 二種，需配合影片的顯示比例來選用。

5 可先預覽效果後，按【下載】鈕。

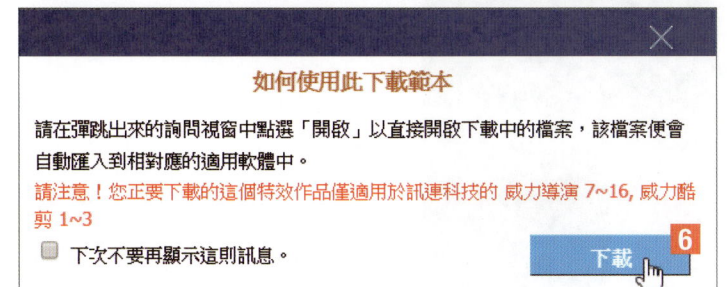

6 聲明這範本所適用的威力導演版本，按【下載】鈕。

■ 安裝文字範本

7 點擊執行 Titel 4418.dzt 檔案。

8 順利安裝範本完成，按【確定】鈕離開。

9 可看到【Titel 4418】文字範本已放入【文字工房／已下載】資料夾中。

10 拖曳【Titel 4418】縮圖到時間軸第 1 軌開頭。

11 選擇【插入並移動所有片段】。

修改文字範本內容

12 點選【設計師】。

13 點選【進階模式】。

14 將文字改為【新天鵝堡】並將游標移動到第 2 個字。

15 點選【物件／字元預設組】中,選擇 Aa 。

16 在【字型／段落】中選擇【標楷體】。

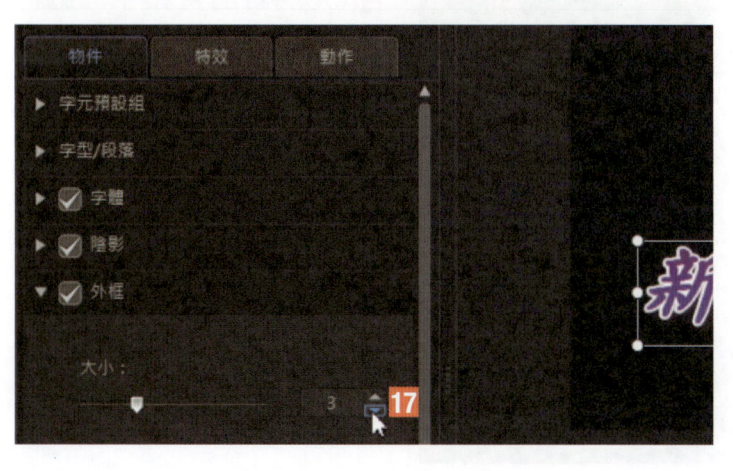

17 在【外框】中,大小更改為【3】。

18 可以拖曳調整文字位置及大小。

19 按【播放】鈕可以預覽修改成果。

20 按【確定】鈕。

21 完成新的片頭了，記得要儲存專案。

5-1-3 建立新的文字範本

若是文字工房預設範本及 DirectorZone 網站的文字範本都不符合影片訴求時，那就要自己動手設計一個新的文字範本了。

■ 加入文字物件

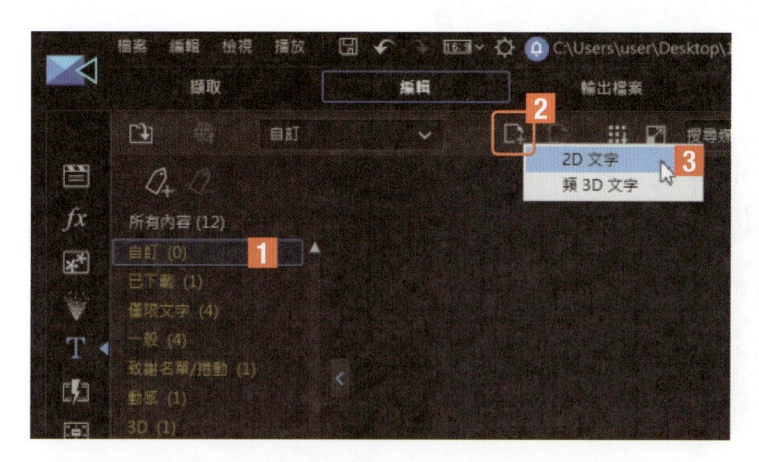

1. 選擇【文字工房／自訂】資料夾。
2. 點選【建立新的文字範本】鈕。
3. 選擇【2D 文字】。
4. 輸入文字【謝謝觀賞】。 
5. 選擇【物件】頁籤。
6. 選擇【字元預設組】的範本。
7. 在【字型／段落】中，選擇【標楷體】，字體大小【64】。 
8. 字體顏色【藍色】。

文字特效

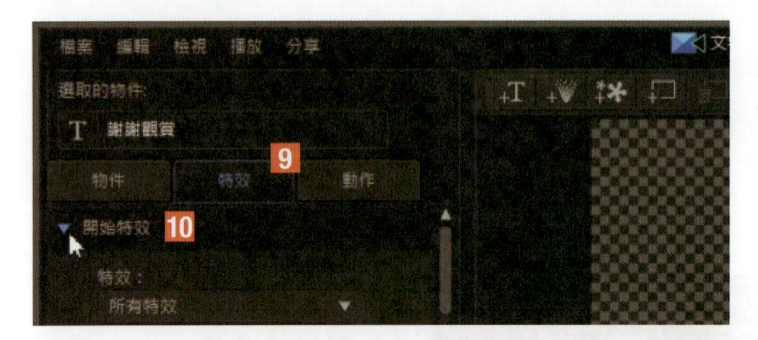

9 選擇【特效】頁籤。

10 點選【開始特效】。

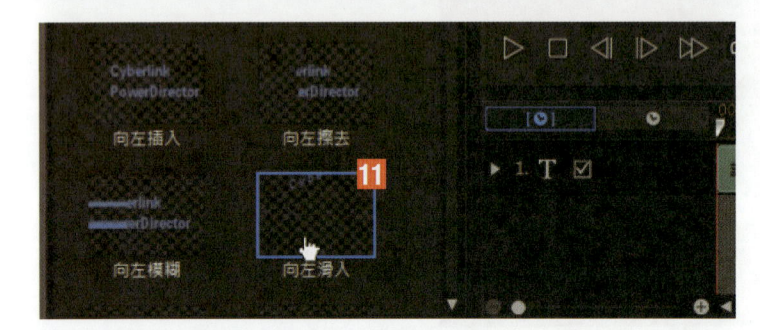

11 選擇【向左滑入】特效。

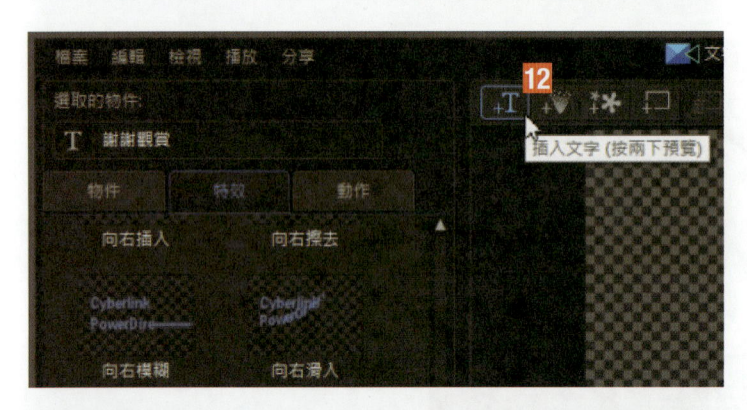

12 點選【插入文字 +T】鈕。

13 輸入日期後,可拖曳控制點調整文字位置及大小。

14 點選【向右擦去】特效。

插入背景

15 點選【插入背景 】鈕。

16 選擇【新天鵝堡封面.JPG】。

17 點選【開啟】鈕。

18 點選【延展】,背景完成插入。

Chapter 05 新天鵝堡 I — 標題與字幕應用

93

儲存文字工房範本

19 配合背景調整文字位置及大小。

20 按【確定】鈕。

21 輸入自訂範本名稱。

22 按【確定】鈕。

23 自訂的片尾字幕01將會出現在【文字工房／自訂】資料夾。

24 把它拖曳到時間軸第1軌末端。

5-2 字幕工房應用

　　字幕通常應用在旁白的說明文字，善用字幕工房可以指定字幕出現的時間及內容文字。建議在使用字幕工房前，先把要使用的內容文字存放在 TXT 格式的文字檔案中。

■ 加入字幕

1 點選時間軸【1 舊天鵝堡 1】片段。

2 點選【字幕工房】鈕。

3 按 ➕ 鈕，在目前的位置加入字幕標記。

Chapter 05 新天鵝堡Ⅰ─標題與字幕應用

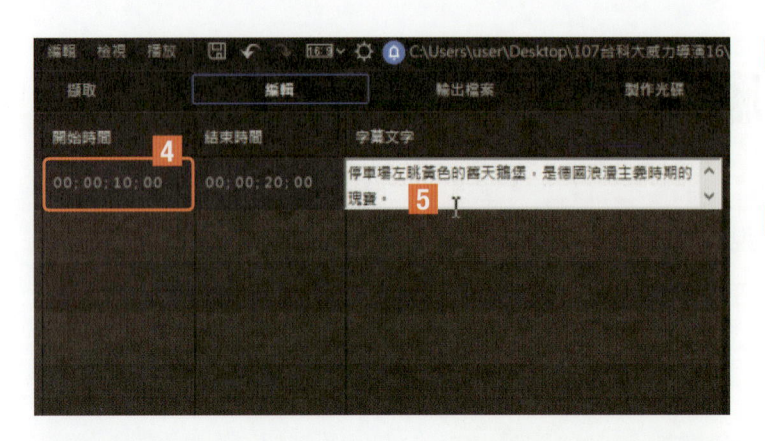

4 可以發現開始時間為第 10 秒處，結束時間是第 20 秒。

5 輸入字幕文字。

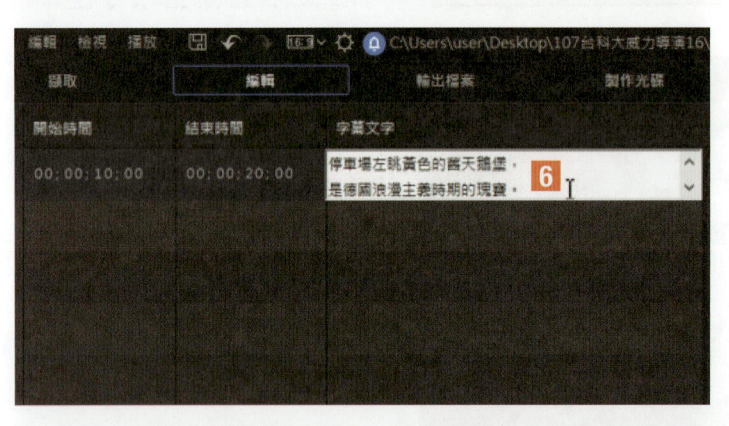

6 若發現字幕文字太長時，可以再連按滑鼠二下進入後，加入【Enter】鍵斷行。

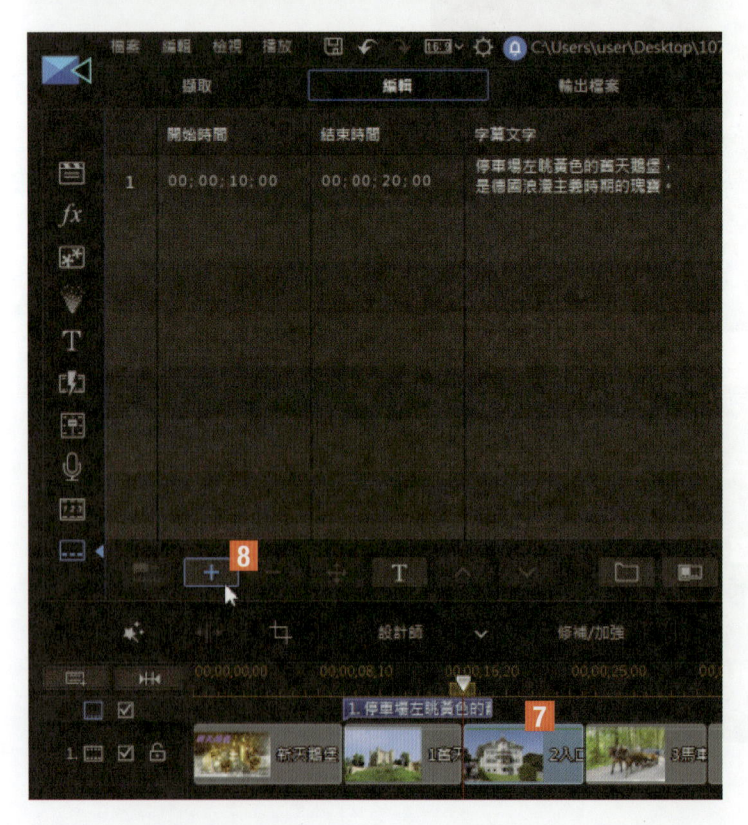

7 點選時間軸【2入口】片段。

8 按 + 鈕，在目前的位置加入字幕標記。

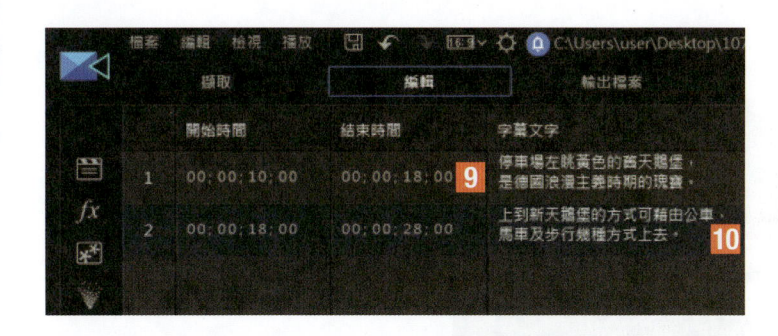

9 前一段的字幕時間會動裁切到第 18 秒，表示只在上一張照片中出現。

10 完成【2 入口】片段的字幕文字。

11 可配合【字幕說明文字】檔案，使用複製、貼上功能完成字幕文字。

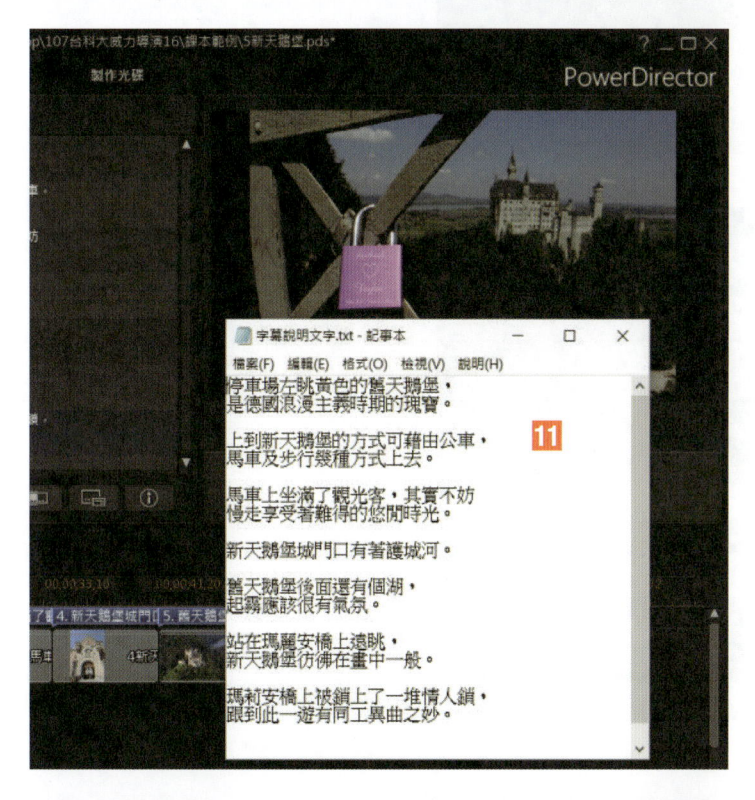

12 將第 7 段的字幕結束時間更改為【00：01：06：00】，以免字幕跑到後面的視訊片段中。

Chapter 05

新天鵝堡 I ─ 標題與字幕應用

■ 變更字幕文字格式

13 按【變更字幕文字格式 T 】鈕。

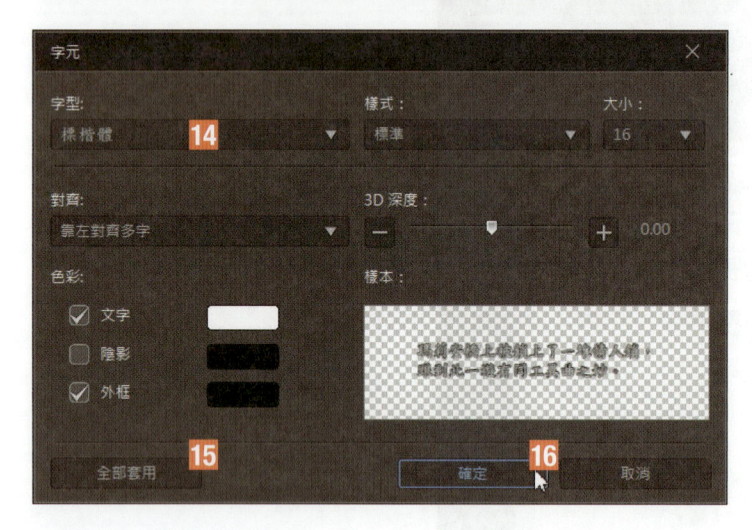

14 變更字型及色彩。

15 按【全部套用】鈕,則會套用到所有使用的字幕。

16 按【確定】鈕。

■ 加入配樂

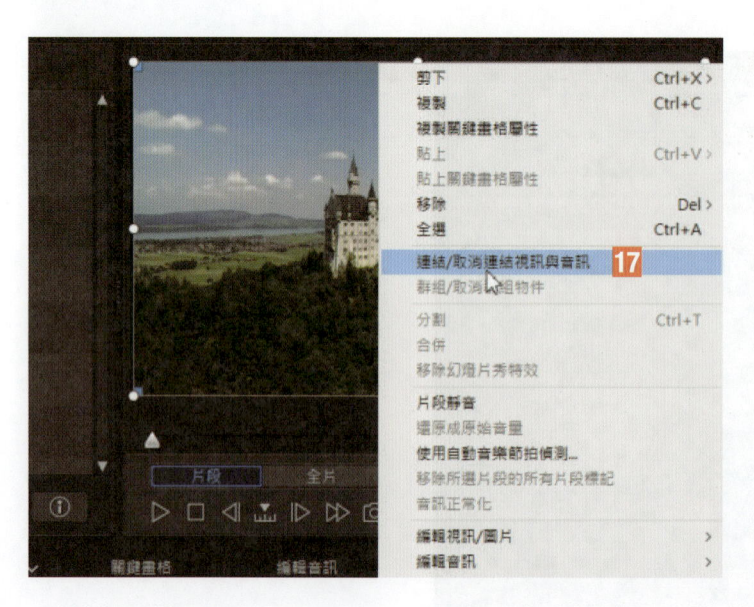

17 點選【8新天鵝堡影片.mp4】片段,按滑鼠右鍵選擇【連結／取消連結視訊與音訊】。

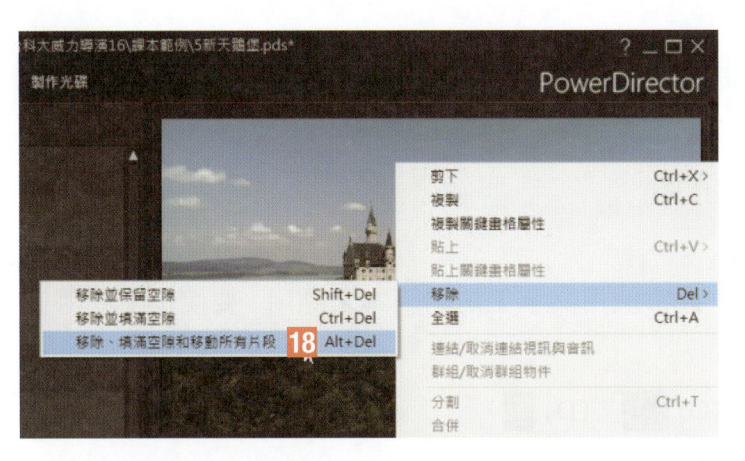

18 點選聲音軌後，按滑鼠右鍵選擇【移除／移除、填滿空隙和移動所有片段】。

19 選擇【媒體工房】的【At_The_Fair.mp3】媒體。

20 拖曳【At_The_Fair.mp3】到聲音軌。

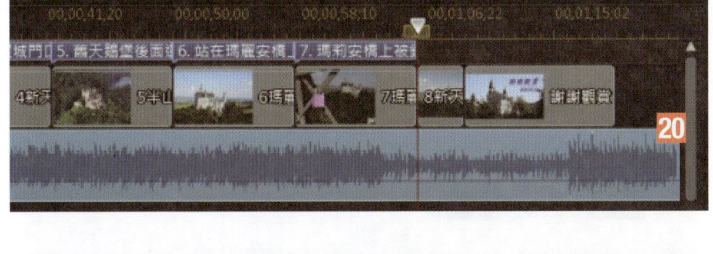

21 裁剪聲音軌與與視訊軌時間長度相同。

22 儲存專案。

課後練習

選擇題

(　　) 1. 要加入影片標題時，通常使用文字工房的範本來應用，要使用下列哪個按鈕？
   (A) ▣　(B) fx　(C) ✦　(D) T 。

(　　) 2. 加入文字工房的範本後，要修改範本內容時要選擇哪個按鈕？
   (A) 修補　(B) 加強　(C) 設計師　(D) 工具。

(　　) 3. 製作新的文字範本時，插入圖片作為背景媒體，要維持圖片的顯示比例並裁切圖片以符合背景時，要選取下列哪一個選項以套用到圖片？
   (A) 🏞　(B) 🏞　(C) 🏞　(D) 以上皆非。

(　　) 4. 要加入影片旁白說明時，通常使用字幕工房來應用，要使用下列哪個按鈕？
   (A) 123　(B) ▬　(C) ✦　(D) ▫ 。

(　　) 5. 在字幕工房中，要從 TXT 文字檔案來插入字幕時，要使用下列哪個按鈕？
   (A) 📁　(B) ▣　(C) ▣　(D) T 。

填充與實作題

1. 在影片中常用到文字的地方有＿＿＿＿＿、＿＿＿＿＿、＿＿＿＿＿。

2. 請到 DirectorZone 下載【My Title】文字範本，並安裝到威力導演。

3. 將下載的【My Title】文字範本，修改文字後作為新的【新天鵝堡】片頭。

4. 設計一個 2D 新的片頭文字範本，插入【海洋】圖片作背景並使用【向上捲動】特效。

Chapter 06

新天鵝堡 Ⅱ
─轉場與特效應用

在前面各章的練習中，各媒體片段都是突然直接出現，視覺上會有點突兀的感覺。可以在時間軸上的各媒體片段之間加入轉場效果及特效處理，就可以使媒體片段的銜接變得生動而活潑。

6-1 轉場特效工房應用

6-1-1 轉場概念

通常影片在播放時，將媒體片段 A 要轉換進入媒體片段 B 時，會置入轉場效果作為二者之間的銜接緩衝，也預告觀眾將進入另一個媒體片段。

威力導演中，轉場效果在媒體片段 A 和媒體片段 B 之間的使用有四種方式，要注意的是使用轉場效果時，都會影響媒體片段的部分影片長度，所以重要的鏡頭及精彩片段最好不要在媒體片段的前端及末端。

■ 前置轉場特效

前置轉場效果的使用方式，是將轉場效果只作用在前方的媒體片段 A 上。

| 媒體片段 A | 媒體片段 B |
| 轉場效果 | |

■ 後置轉場特效

後置轉場效果的方式，表示轉場效果只作用在後方的媒體片段 B 上。

| 媒體片段 A | 媒體片段 B |
| | 轉場效果 |

■ 交錯轉場特效

交錯轉場效果的方式，表示轉場效果作用交錯橫跨在媒體片段 A 及媒體片段 B。

| 媒體片段 A | 媒體片段 B |
| 轉場效果 | |

■(重疊轉場特效

重疊轉場效果的方式比較特別，轉場效果同時作用在媒體片段 A 後面和媒體片段 B 前面，所以每次使用重疊轉場特效時，影片總長度時間會減少，減少時間則為轉場時間。

媒體片段 A

轉場效果

媒體片段 B

■(設定轉場時間

威力導演預設轉場效果的時間長度是 2 秒，也可以依影片需求進行更改轉場時間。

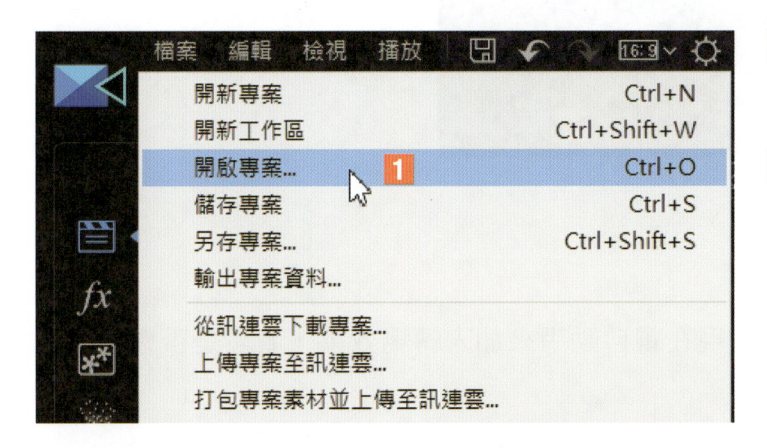

1 選擇功能表【檔案／開啟專案】。

2 選擇【5 新天鵝堡 .pds】專案。

3 選擇功能表【編輯／功能設定】。

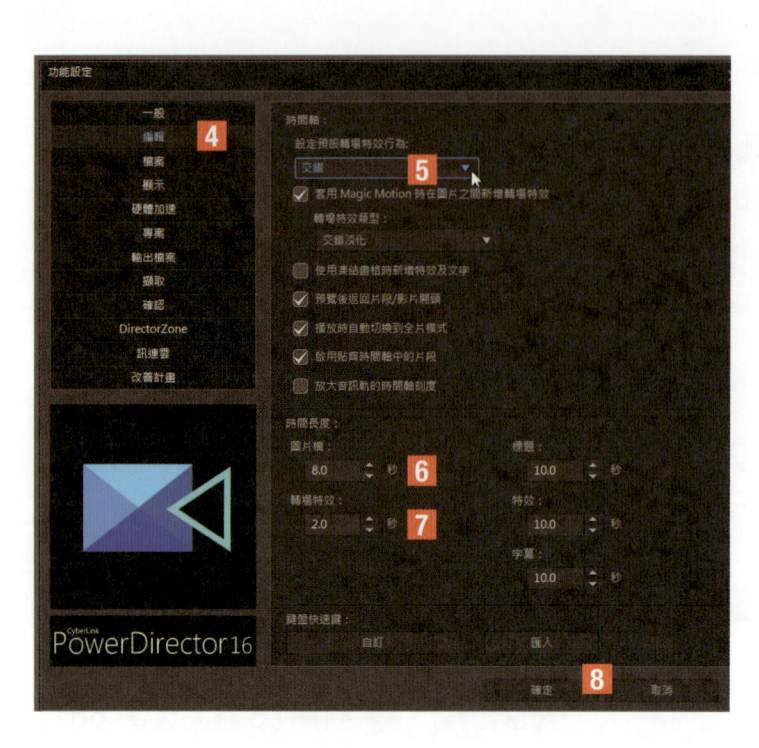

4 點選【編輯】功能設定。

5 設定預設轉場特效行為【交錯】。

6 設定圖片檔時間長度【8】秒。

7 設定轉場特效時間長度【2】秒。

8 按【確定】鈕。

6-1-2 加入轉場效果

了解了轉場的概念之後，現在親自動手來加入轉場效果，看看是否會讓媒體片段的銜接變得更加生動？

加入轉場特效

1 點選【轉場特效工房】。

2 可以看到有上百種的轉場特效，選擇【所有內容】。

3 點選【流水】轉場。

4 拖曳到【1 舊天鵝堡 1】片段的後方，也就是前置轉場特效。

5 可以看到轉場效果只作用在【1 舊天鵝堡 1】片段，轉場時畫面會慢慢變黑，結束後直接出現下一片段。

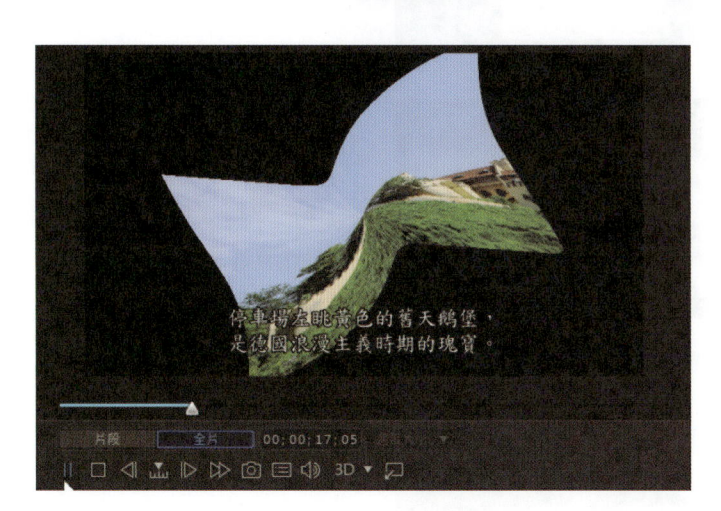

■ 移除轉場特效

6 點選【流水】轉場特效。

7 按【移除選取的片段 🗑】鈕，就可以把加入的轉場特效移除了。

8 點選【流水】轉場。

9 拖曳到【1舊天鵝堡1】片段與【2入口】的中間，此為【交錯轉場特效】。

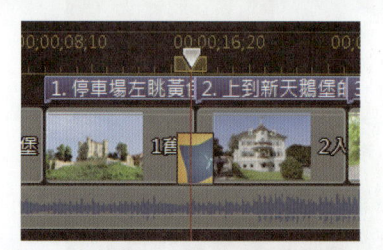

10 播放時，可看到轉場時，【1舊天鵝堡1】片段會慢慢消失後，再慢慢出現【2入口】片段。

■ 修改轉場特效設定

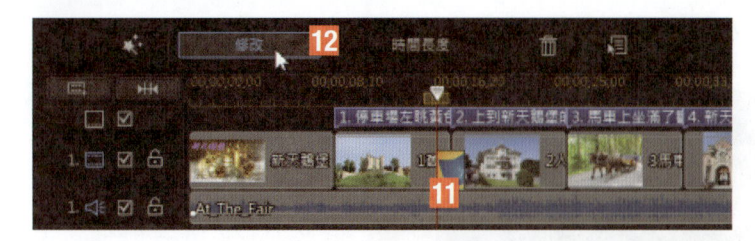

11 點選【轉場特效】。

12 按【修改】鈕。

13 現在使用的是【交錯轉場特效】，請注意原先影片的開始與結束時間。

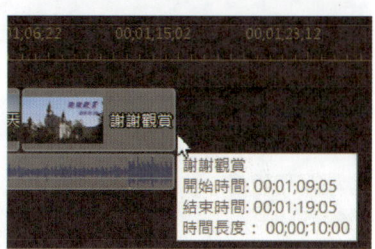

14 點選【重疊】，使用【重疊轉場特效】，請注意現在影片的開始與結束時間，少了 2 秒。

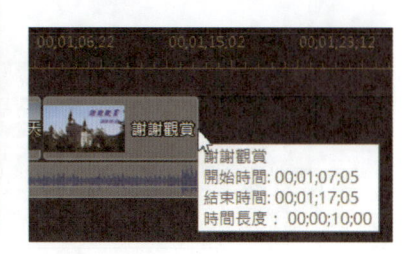

15 請重新點選【交錯】，以避免字幕位置錯誤。

16 按【✖】離開。

更換轉場特效

若不滿意原先的轉場特效時，可以直接用其他的轉場特效更換。

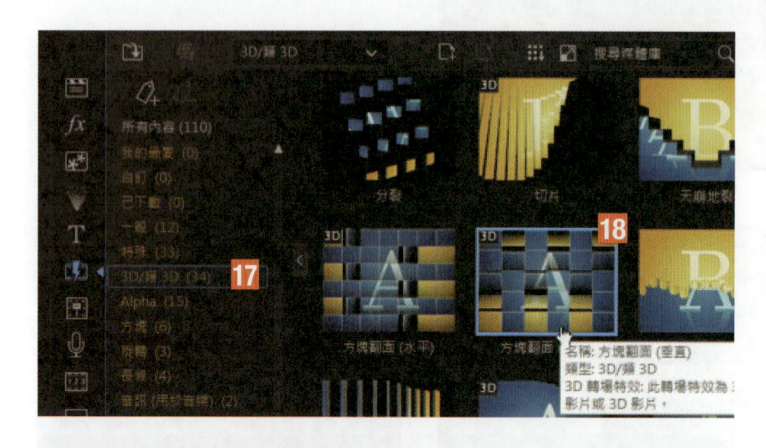

17 選擇【3D／類3D】資料夾。

18 點選【方塊翻面（垂直）】特效。

19 直接拖曳到原先的轉場特效縮圖上。

20 轉場特效就直接更換完成了。

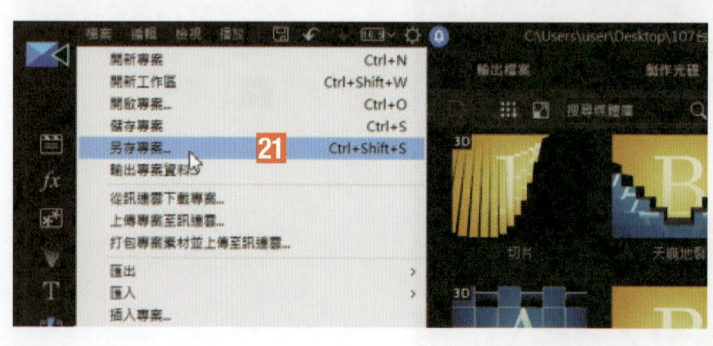

21 選擇功能表【檔案／另存專案】。

22 儲存為【6新天鵝堡2.pds】。

套用隨機轉場特效

若是並不在意使用哪種轉場特效，而且想要快速完成轉場特效時，可以使用「隨機」的方式來套用轉場特效。

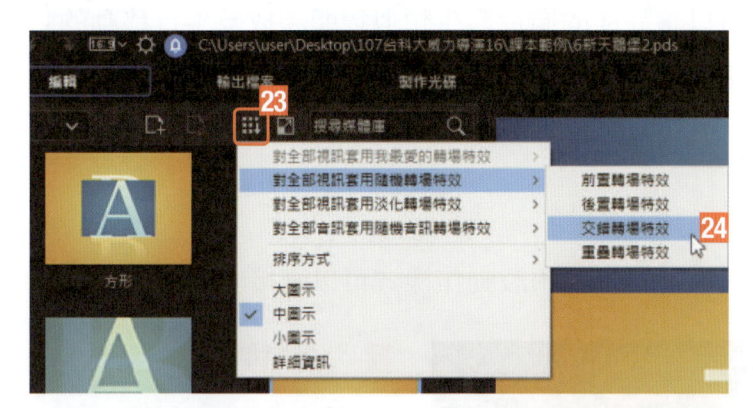

23 點選【媒體庫選單】。

24 選擇【對全部視訊套用隨機轉場特效／交錯轉場特效】。

25 在時間軸處就可以看到所有的視訊都隨機加上轉場特效了。

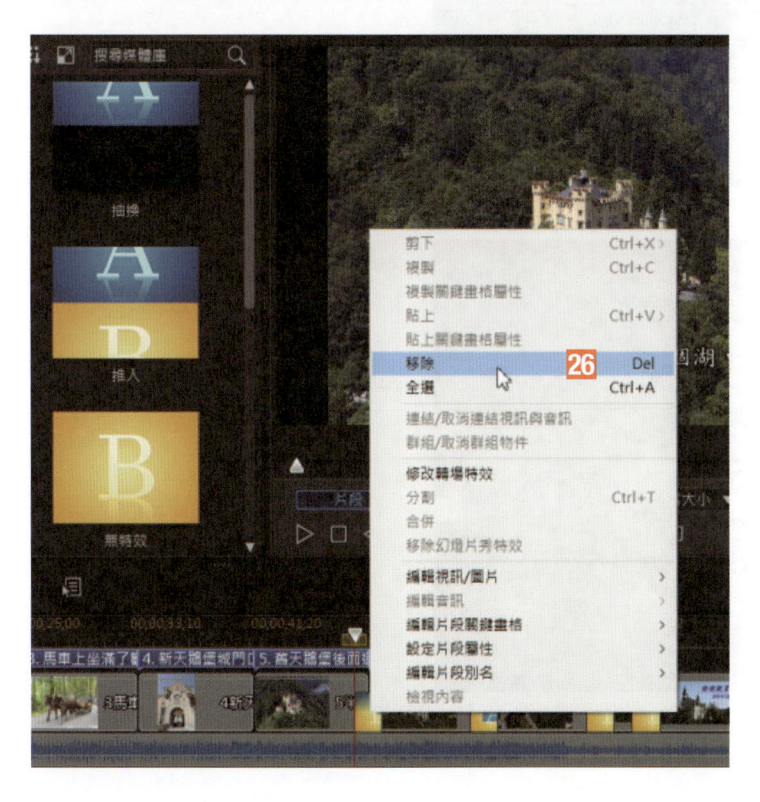

26 在【轉場特效】的圖示上，按滑鼠右鍵，選擇【移除】可以移除轉場特效。也可以直接按【Delete】鍵移除轉場特效。

27 練習把剛剛加入的轉場特效全部移除。

6-2 Magic Motion 魔術工具

Magic Motion 魔術工具可以讓靜態的照片產生類似鏡頭縮放及平行移動的動態效果，讓影片更加生動活潑。

6-2-1 套用動作樣式

Magic Motion 魔術工具提供了多種的預設動作樣式可以直接套用。

① 點選時間軸的【3 馬車】片段。

② 按【在您的作品中使用魔術工具】。

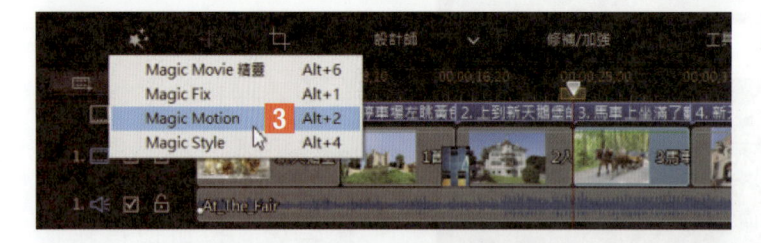

③ 選擇【Magic Motion】。

④ 點選要套用的動作樣式【水平右移】。

⑤ 播放看看加入動作樣式的效果如何？

6-2-2 自訂動作

套用動作樣式後，若是動作處理方式不符合需求時，可以自行修訂動作樣式內容。

◼ Motion 設計師

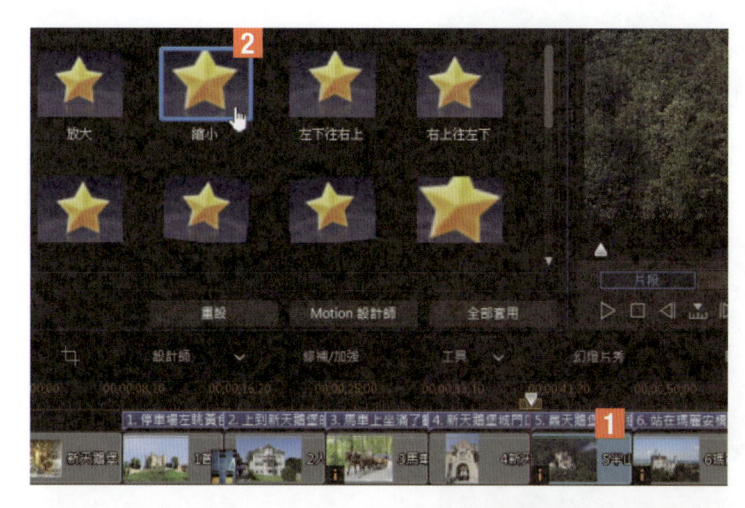

1. 點選時間軸的【5 半山腰的舊天鵝堡】片段。
2. 點選動作樣式【縮小】。
3. 按【Motion 設計師】鈕。

◼ 起始關鍵畫格

4. 點選最左側的起始關鍵畫格 。
5. 可以看到預設的起始中心位置點（藍色）及預設的顯示區域。

> **小說明**
> 現在的關鍵畫格會呈現 ，其他的關鍵畫格則呈現 。

6 拖曳四周控制點縮放顯示的區域。

7 拖曳中心位置點位置。

◼◣ 結束關鍵畫格

8 點選最右側的結束關鍵畫格 。

9 可以看到預設的結束中心位置點（藍色）及預設的顯示區域。

10 拖曳四周控制點縮放顯示的區域。

11 拖曳中心位置點位置。

12 按【播放】鈕預覽效果，動作的路徑會循照箭頭移動。

13 按【確定】鈕完成自訂動作。

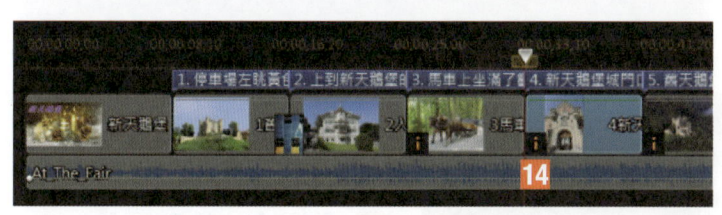

14 將其他片段也加入動作樣式，在時間軸上的縮圖就會顯示【 i 】符號。

■ 移除動作樣式

15 要移除動作樣式時，在 Magic Motion 面板上按【重設】鈕即可。

Chapter 06

新天鵝堡Ⅱ──轉場與特效應用

113

6-3 特效工房

特效工房可以套用在時間軸的媒體片段上，產生改變視訊及圖片的外觀與效果，是相當實用的一項工具。特效工房除了可以放入時間軸的特效軌之外，也可以直接套用在媒體片段中。

6-3-1 加入特效

特效工房中提供了上百種的特效，可放入時間軸的特效軌或加在媒體片段中。

■ 加入特效

1. 點選時間軸【6 瑪麗安橋的新天鵝堡】片段。
2. 點選【特效工房】。
3. 選擇【炫粒】資料夾。 
4. 點選【蒲公英】特效。

5 按住【蒲公英】縮圖拖曳到時間軸媒體片段下方的特效軌處。

■ 調整特效時間

6 調整特效片段的位置及時間長度。

7 按【播放】鈕可看見加入特效後媒體片段變化。

6-3-2 修改特效

套用特效後未必能剛好符合媒體的畫面，這時就必須自行修改調整特效的屬性數值。

■◀ 修改特效屬性

1 點選時間軸特效軌的【蒲公英】特效。

2 按【修改】鈕。

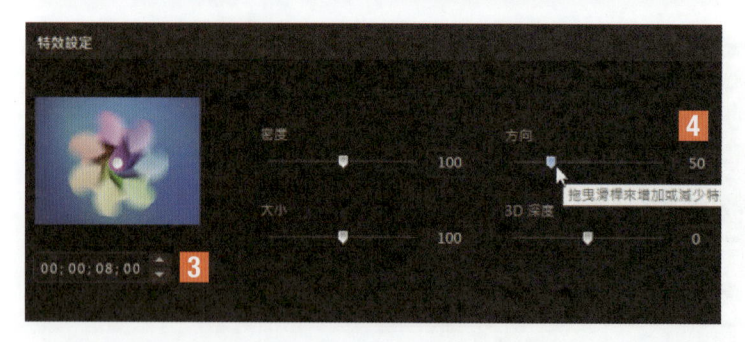

3 此處可以調整特效的時間長度及各項屬性。

4 方向預設值【50】，播放時將向右方飄去。

■◀ 屬性軌新增關鍵畫格

5 按【關鍵畫格】鈕。

6 在第 2 軌【大小】軌處，按滑鼠右鍵選擇【新增新的關鍵畫格】。

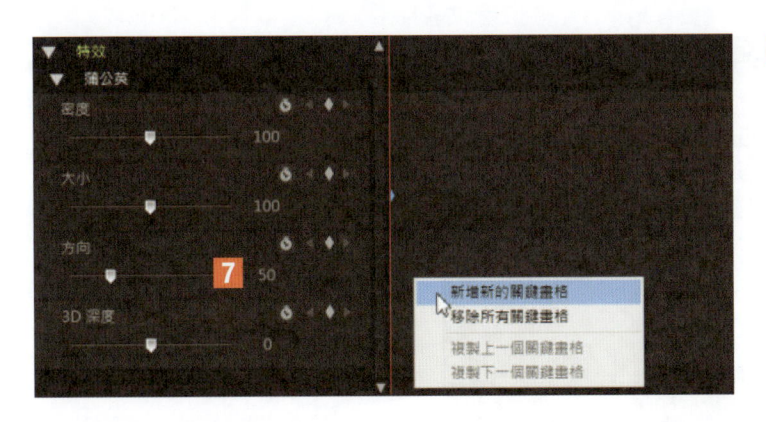

關鍵畫格設定屬性值

7 在第 3 軌【方向】軌處，按滑鼠右鍵選擇【新增新的關鍵畫格】。

8 拖曳調整播放磁頭到特效的中間位置。

9 在第 3 軌【方向】軌處，按滑鼠右鍵選擇【新增新的關鍵畫格】。

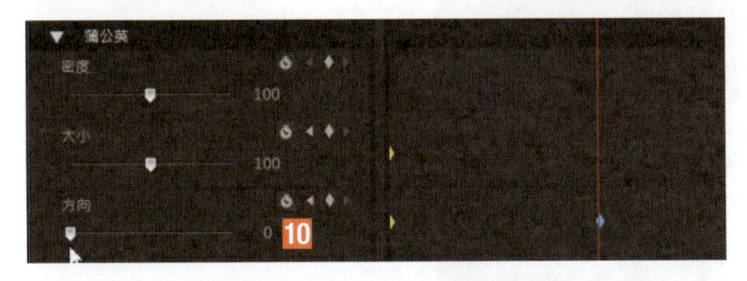

10 將方向設為【0】，則蒲公英將在此處向上方飄。

11 拖曳調整播放磁頭到特效位置。

12 在第 2 軌【大小】軌處，按滑鼠右鍵選擇【新增新的關鍵畫格】。

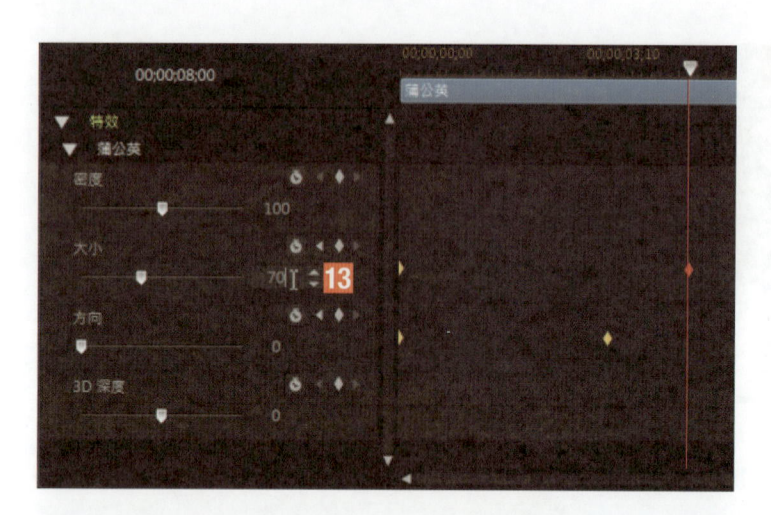

13 將大小設為【70】，則蒲公英將在此處變小。

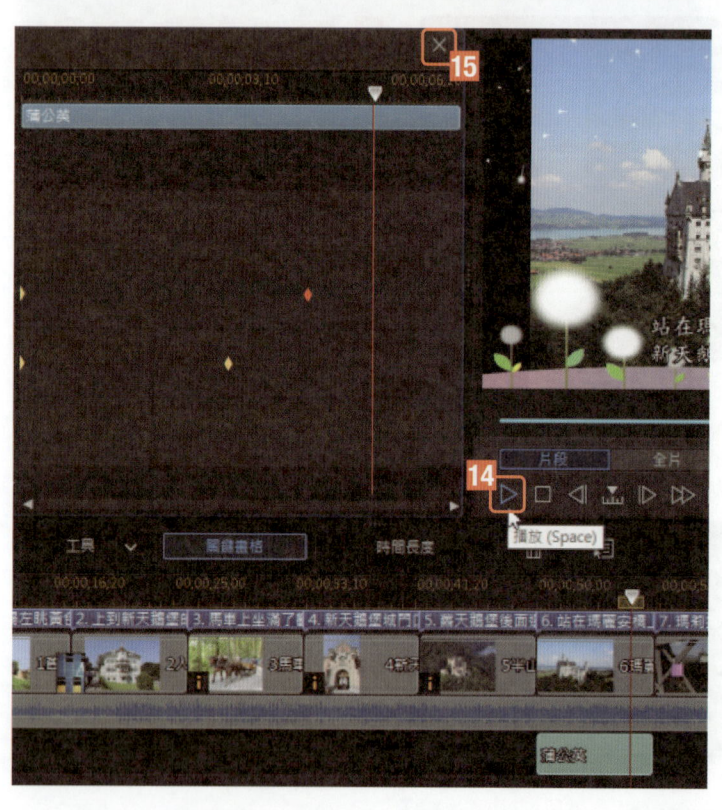

14 按【播放】鈕檢視一下，不滿意則可再調整。

15 按【❌】離開。

16 不同的特效會有各自的屬性設定，可以組合出千變萬化的特效效果。

6-3-3 多重特效

　　使用特效工房若是拖曳到特效軌時，只能設定一種特效效果，若想要在媒體片段中加入多個特效時，就必須將特效效果拖曳到視訊軌的媒體片段上。注意在使用多重特效時，特效使用的先後順序會造成不同的結果。

■ 新增多重特效

1 點選時間軸【7 瑪麗安橋上的鎖】片段。

2 點選【特效工房／特殊／放大鏡】特效。

3 拖曳【放大鏡】特效縮圖到時間軸【7 瑪麗安橋上的鎖】片段上。

4 點選【特效工房／視覺／反射】特效。

5 拖曳【反射】特效縮圖到時間軸【7 瑪麗安橋上的鎖】片段上。

6 滑鼠移到特效圖示時，會顯示已加入的特效及順序。

■▶ 調整放大鏡特效屬性

7 按【特效】鈕。

8 在右側可以看到同時二個特效作用的畫面。

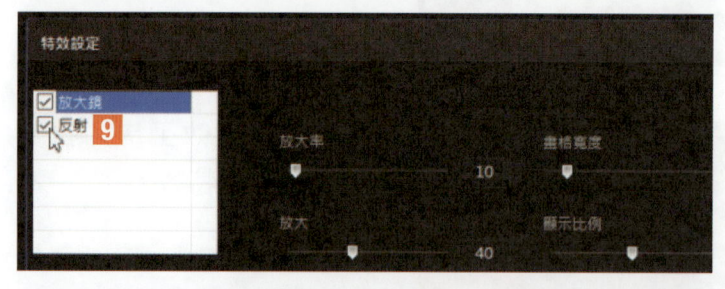

9 在作調校特效時，最好一次只設定一個特效。所以先將【反射】特效的勾選取消。

10 調整放大的範圍【30】。

11 按中心位置【位置】鈕。

12 拖曳中心紅點到適當的位置。

13 按【確定】鈕。

調整反射特效屬性

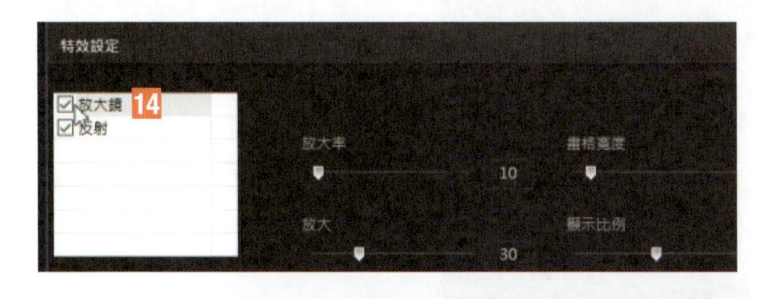

14 取消勾選【放大鏡】。

15 點選【反射】。

16 設定 X 軸位移【105】。

調整特效前後順序

17 把所有特效都勾選。

18 點選【反射】特效。

19 按【上移】鈕。

20 可以看到右側預覽畫面中，只有左側有放大鏡效果。

小說明
- 使用【放大鏡＞反射】順序，會先**放大**後再把放大的結果**反射**。
- 使用【反射＞放大鏡】順序，則會先反射後再把**反射**結果**放大**。

21 這時仍可進行調整，選擇【放大鏡】特效。

22 放大值改為【45】，可以包含整個鎖頭。

■ 移除特效

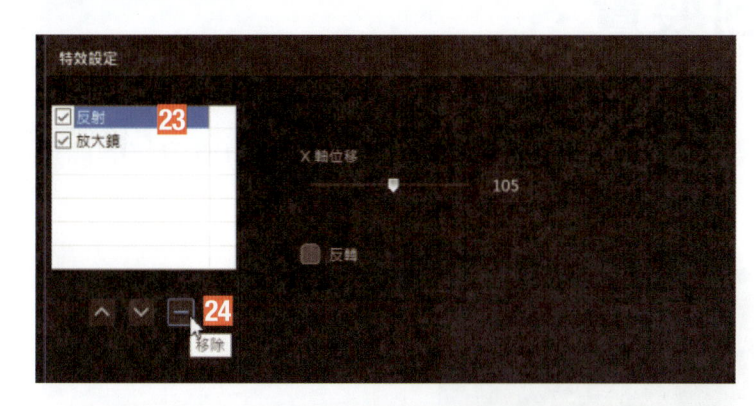

23 點選【反射】特效。

24 按【移除】鈕。

25 特效並非加越多越好，不適合的特效就應該要移除掉。

26 記得要儲存專案。

6-4 輸出到行動裝置

要想把作品分享到行動裝置,如平板、手機等來觀賞時,威力導演都能簡單地完成。

1 點選【輸出檔案】頁籤。

2 點選【裝置】頁籤。

3 點選【Android】鈕。

4 若使用 Iphone 手機者可以點選【Apple】鈕。

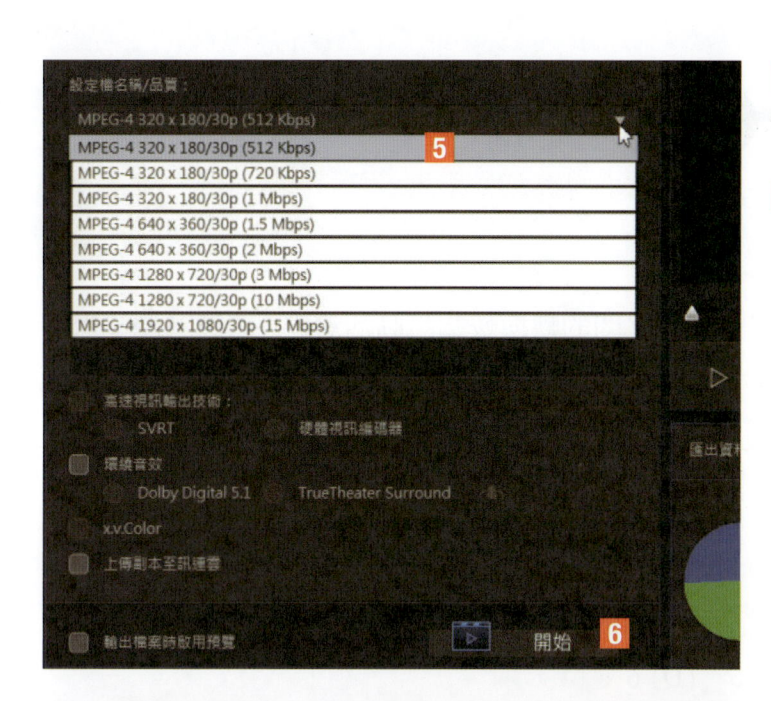

5 依你的裝置選擇【設定檔名稱／品質】。

6 按【開始】鈕。

7 開始輸出檔案，完成後按【開啟檔案位置】。

8 把檔案傳輸至手機中即可播放。

課後練習

選擇題

(　　) 1. 要讓視訊片段與視訊片段之間的轉換較為生動活潑時,可以考慮使用下列何者?
(A) 媒體工房　(B) 文字工房　(C) 炫粒工房　(D) 轉場特效工房。

(　　) 2. 威力導演的轉場特效預設的時間長度為幾秒?
(A) 2　(B) 3　(C) 5　(D) 6。

(　　) 3. 威力導演的圖片檔預設顯示的時間長度為幾秒?
(A) 2　(B) 3　(C) 5　(D) 6。

(　　) 4. 威力導演的特效工房預設顯示的時間長度為幾秒?
(A) 5　(B) 10　(C) 15　(D) 20。

(　　) 5. 要改變轉場特效的預設時間時,要選擇功能表哪一個選項?
(A) 檔案／專案內容　　　　(B) 檔案／輸出專案資料
(C) 編輯／功能設定　　　　(D) 編輯／編輯項目。

(　　) 6. 要加入轉場特效工房時,要使用下列哪個按鈕?
(A) fx　(B) ⚡　(C) ❄　(D) ▣。

(　　) 7. 右圖為轉場特效工房中的哪一種轉場特效?
(A) 抽換　(B) 方形　(C) 推入　(D) 淡化。

填充與實作題

1. 在威力導演中的媒體片段 A 及媒體片段 B 二段影片的轉場效果的使用有 ＿＿＿＿＿、＿＿＿＿＿、＿＿＿＿＿、＿＿＿＿＿四種特效。

2. ＿＿＿＿＿工具可以讓靜態的照片產生類似鏡頭縮放或平移的動態效果。

3. 將本章的範例輸出一段 YouTube 影片,畫質為【高畫質 640×360】。

Chapter 07

鳥類攝影展
一音訊處理

在剪輯影片時，如果能夠適度地加入配樂、旁白及音效來輔助，讓觀眾在欣賞作品時，能更加進入情境中。

7-1 聲音出現的場合

在威力導演中,聲音不管是配樂、旁白及音效等,一般都會出現在視訊軌、配音軌及配樂軌三個場合。

◾ 視訊軌

在拍攝視訊時,錄製的同時會連周圍的聲音一併錄進來,例如:講話聲、機車聲等。所以一段視訊中會包含有影像及聲音二軌。

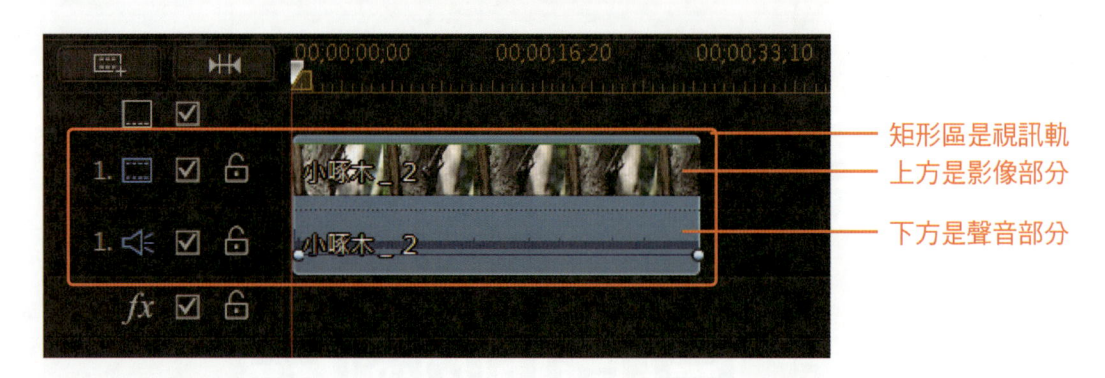

矩形區是視訊軌
上方是影像部分
下方是聲音部分

◾ 配音軌

利用麥克風錄製的配音、旁白,通常都放置在配音軌。

放置旁白的配音軌

◾ 配樂軌

背景音樂作為陪襯效果時,可以單獨放入配樂軌中,並配合視訊軌聲音及配音軌旁白的需求,來進行配樂音量的控制。

放背景音樂的配樂軌

7-2 下載音效片段

要找音效及背景音樂的話，最好的地方就是直接從 DirectorZone 網站下載來使用。

1 開新專案後，匯入媒體資料夾【第 7 課 _ 鳥類攝影展】。

2 按【Ctrl+A】鍵全選把媒體拖曳到時間軸第 1 軌的視訊軌。

3 選擇【文字工房】。

4 選擇【一般】資料的【幸運四葉草 _01】。

5 拖曳到第 1 軌視訊軌前方，選擇【插入並移動所有片段】。

6 修改文字及特效。

7 選擇【致謝名單／捲動】資料的【幸運四葉草_04】。

8 拖曳到第 1 軌視訊軌最後方。

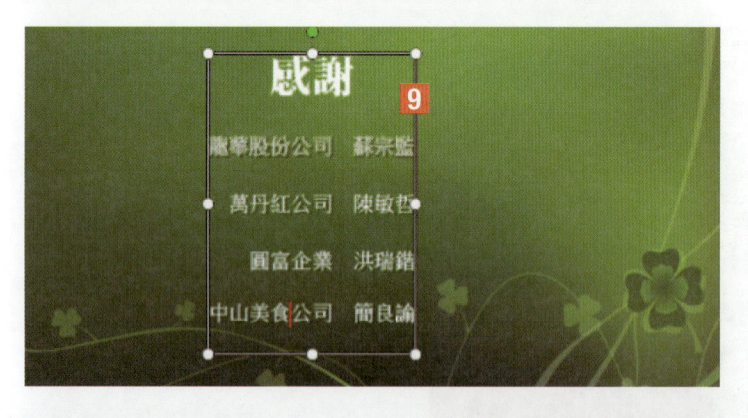

9 修改文字及特效。

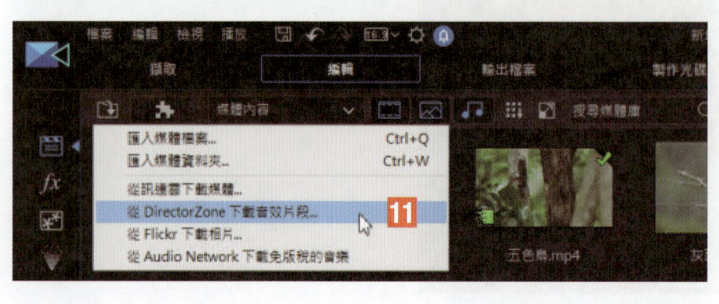

10 點選【媒體工房】。

11 選擇【匯入媒體／從 DirectorZone 下載音效片段】。

12 選擇【Themusicase】類別的【Web Loops Piano Solo】，可以按 ▶ 試聽。

13 按【下載】鈕。

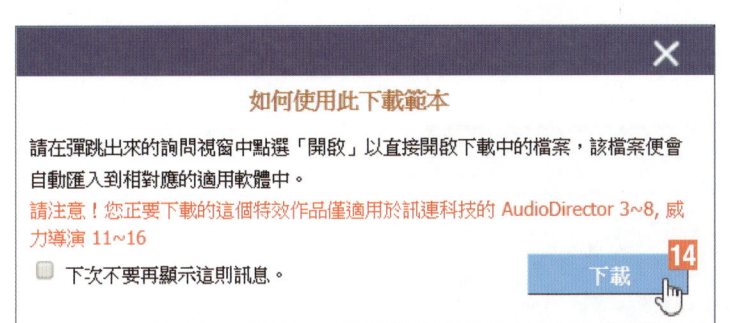

14 按【下載】鈕。

15 按【開啟】。

16 按【確定】鈕。

17 在【媒體工房】的【已下載】資料夾中就可以看到【Web Loops Piano Solo】了。

7-3 音訊的剪輯

音訊在使用時，往往會有時間長度過長或過短的情形，也會發生配樂與視訊音量不協調的狀況，這時都要對音訊進行適當的剪輯。

7-3-1 音訊修剪

當背景音樂時間長度比視訊的時間長度過長時，就要進行修剪的工作。

1 點選第 2 軌視訊軌。

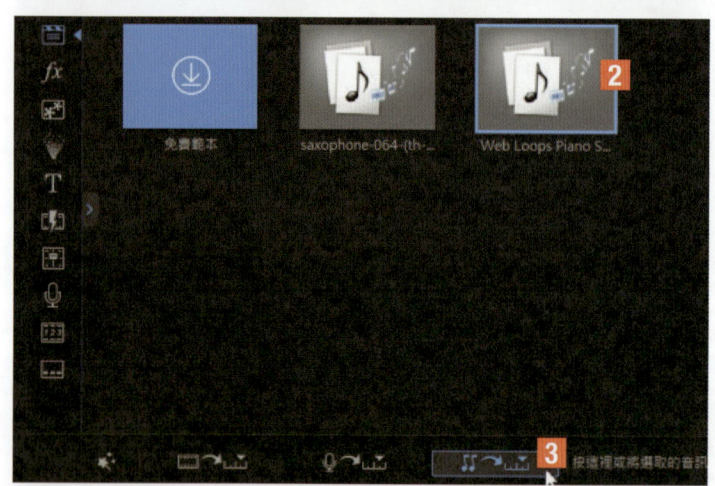

2 點選【Web Loops Piano Solo】音效。

3 按【新增至配樂軌】。

4 點選第 2 軌配樂軌。

5 移動播放磁頭位置。

6 按【分割選取片段】。

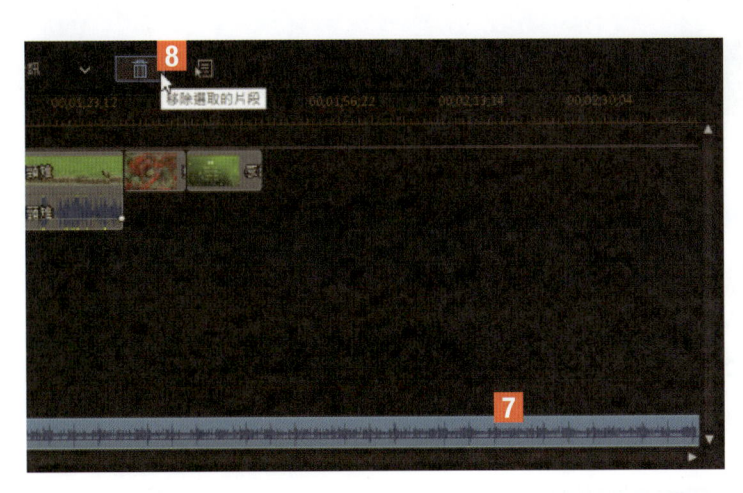

7 選擇配樂軌後面部分。

8 按【移除選取的片段】。

7-3-2 音效串接

如果背景音樂的時間比視訊的時間短時，就要多次加入同一首或不同首的背景音樂，進行音樂串接時，必須注意音樂銜接的問題。

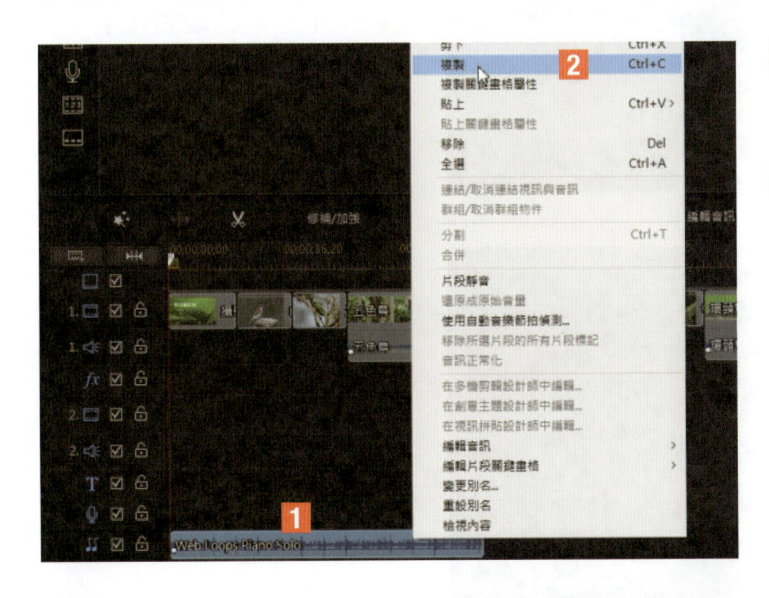

1 點選第 2 軌配樂軌音效片段。

2 按滑鼠右鍵，選擇【複製】。

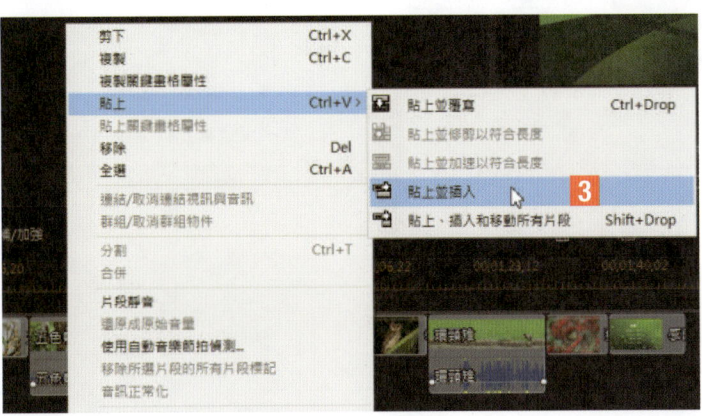

3 點按滑鼠右鍵，選擇【貼上並插入】。

小說明

不可以選【貼上、插入並移動所有片段】，否則所有的視訊片段都會往後移動。

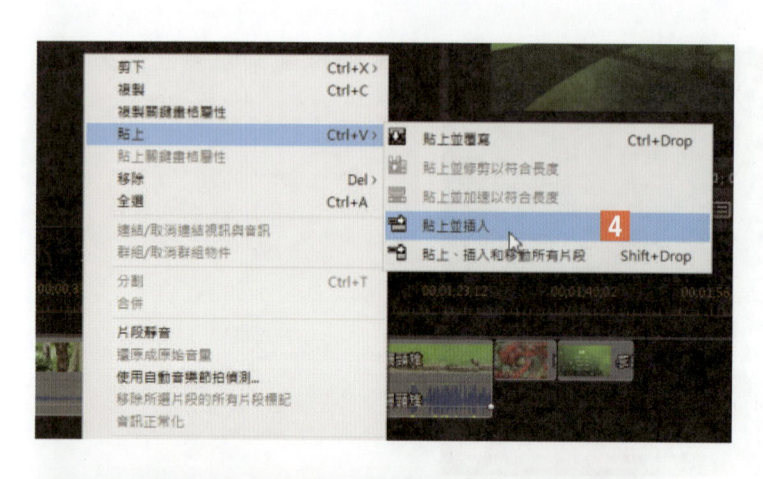

4. 再作一次按滑鼠右鍵，選擇【貼上並插入】。

5. 選配樂軌最後一個音效。

6. 移動播放磁頭位置到視訊末端。

7. 按【分割選取片段】。

8. 選擇配樂軌後面部分。

9. 按【移除選取的片段】。

10. 儲存專案為【7 鳥類攝影展 .pds】

7-3-3 音效淡入／淡出

當視訊中影片本身有聲音或旁白時，背景音樂就必須把音量降低或作淡入淡出處理，才不會造成影片的主軸失真。

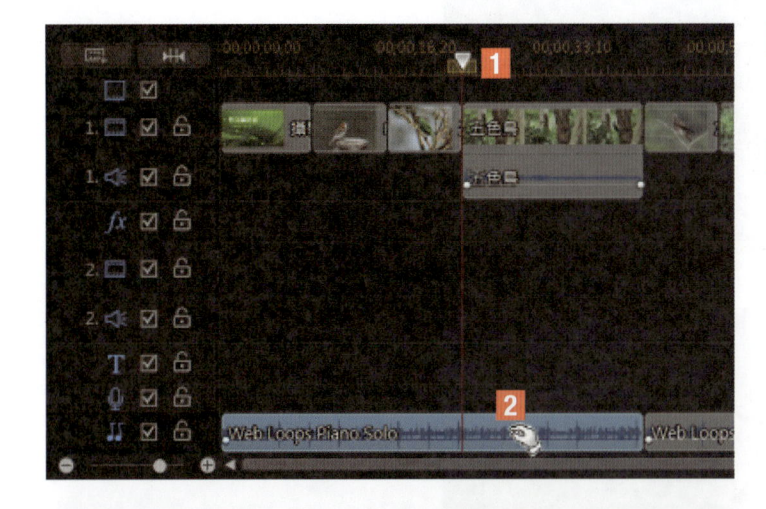

1 調整播放磁頭位置到【五色鳥】視訊片段。

2 點選第 2 軌的配樂軌。

3 按住【Ctrl】鍵，然後點一下來新增音量關鍵畫格（紅點）。

4 若是將其拖出邊界就可以移除音量關鍵畫格。

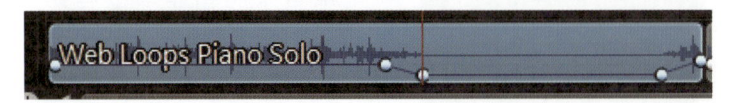

5 將音量控制如左圖。

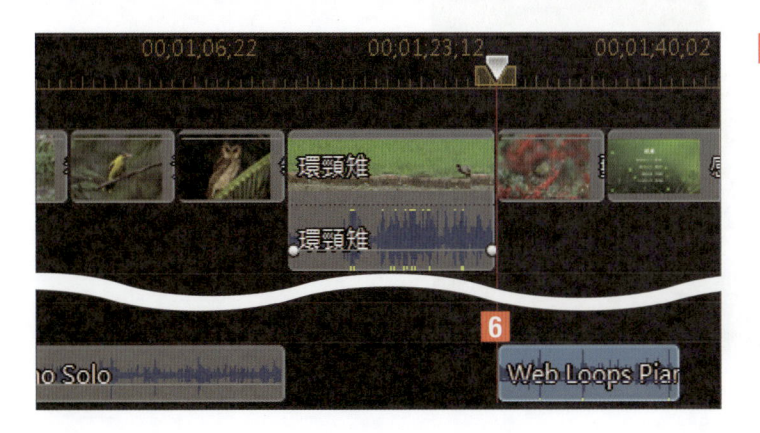

6 將【環頸雉】片段的音樂軌剪輯並移動如左圖。

7 拖曳調整配樂片段的時間長度。

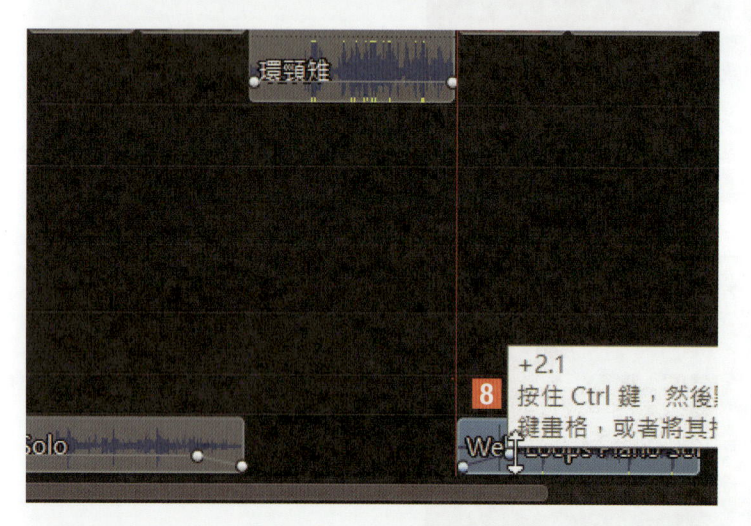

8 處理成淡入淡出效果。

9 按【播放】鈕，可以聽出來在播放視訊時，背景音樂將會呈現靜音。

7-4 擷取媒體

有時媒體並不一定都能由網路抓取或拍攝取得，在合法的情形下，不管是 DVD 光碟片或 CD 音樂片都是不錯的配樂來源。在製作教學課程時，常常都要擷取電腦螢幕來作為輔助教學之用。

7-4-1 麥克風錄製旁白解說

要錄製旁白時，應該要先準備好旁白的文字內容，在安靜的環境中錄製，才能有良好的品質。

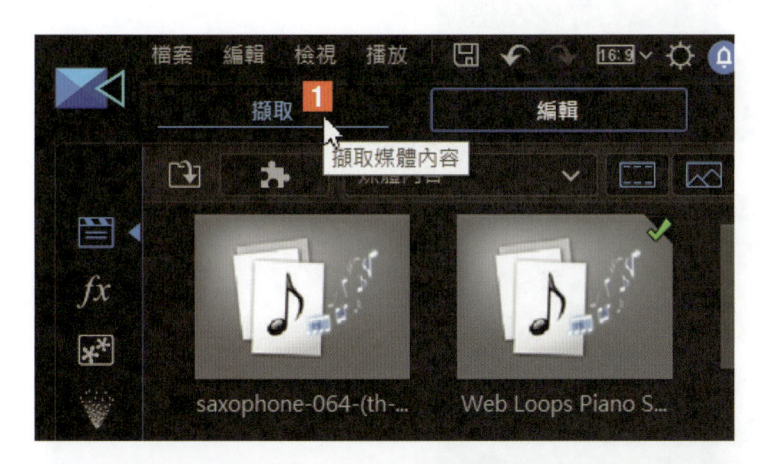

1 點選【擷取】頁籤。

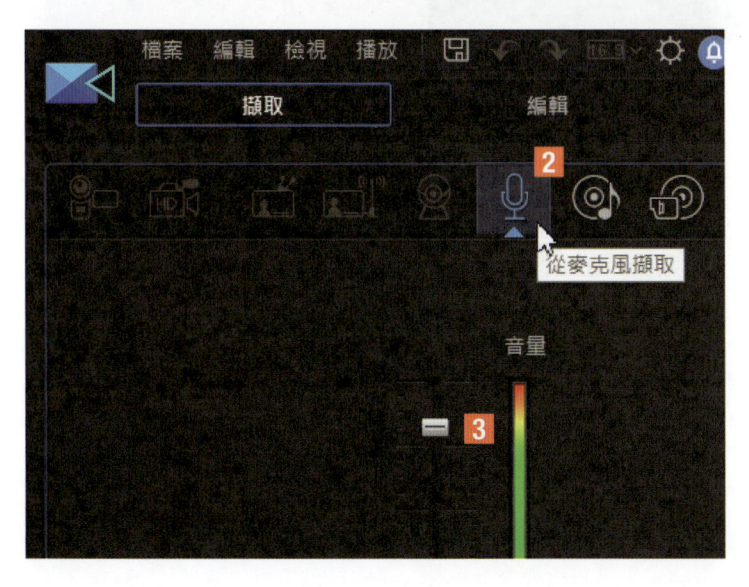

2 點選【從麥克風擷取】。

3 調整錄音的音量大小。

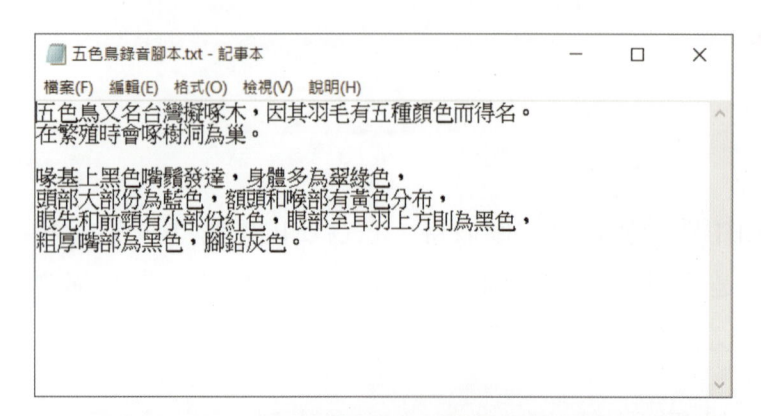

4 在錄音前可以先把旁白的錄音腳本先準備好。

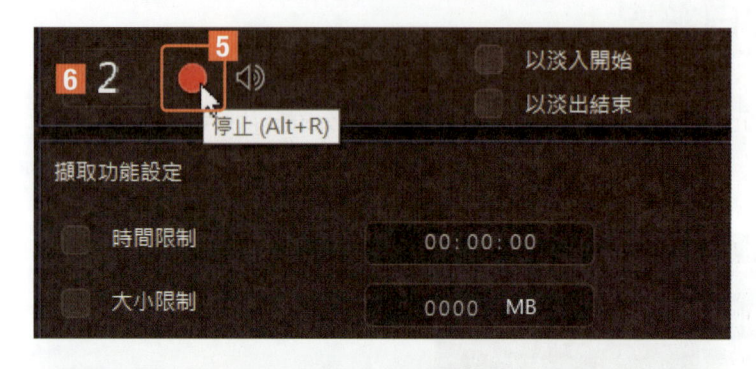

5 按【錄音】鈕開始錄製。

6 倒數到 1 後,開始對著麥克風錄製旁白。

7 錄製完成後,再按一次【錄音】鈕停止錄音。

8 輸入旁白檔案名稱【五色鳥旁白 .wav】。

9 按【確定】鈕。

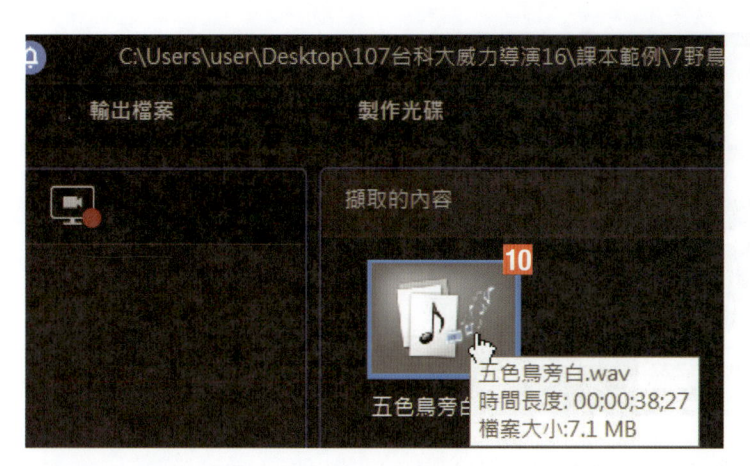

10 點擊擷取的內容二下。

11 試聽旁白錄製的效果。

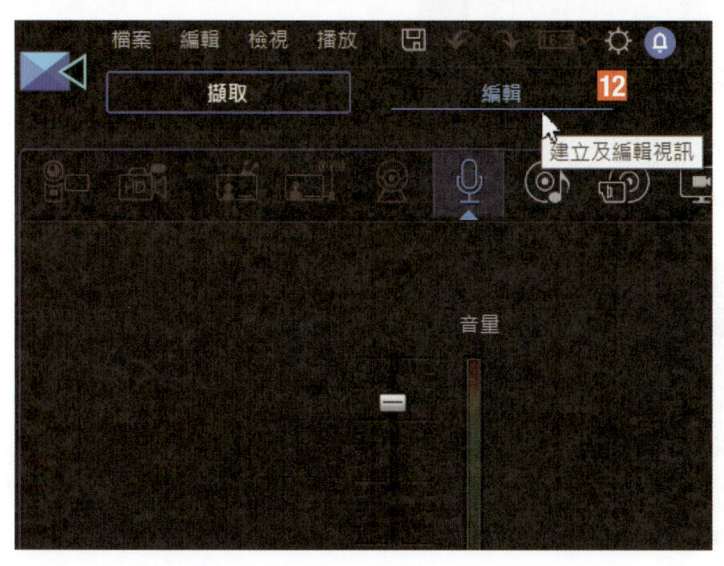

12 點選【編輯】頁籤。

13 旁白會自動放入媒體工房中，點選【五色鳥旁白】。

14 拖曳放置到配音軌切齊五色鳥圖片前端。

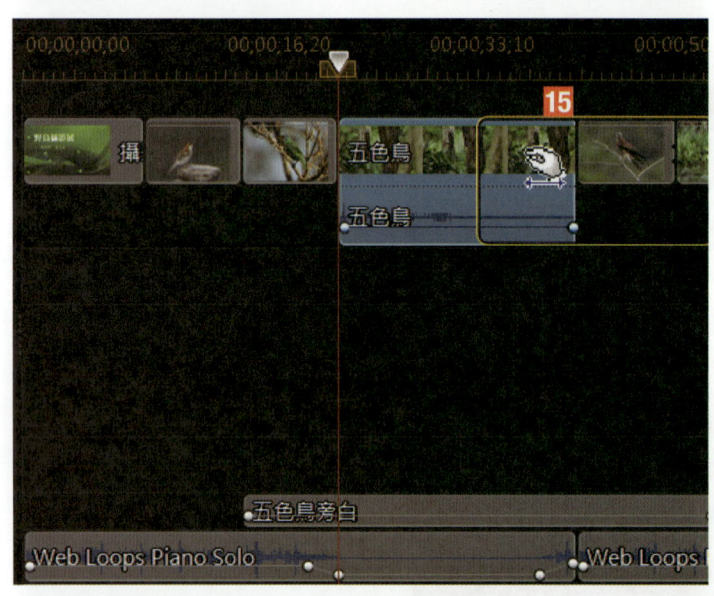

15 因為旁白太長了，拖曳【五色鳥】視訊片段到與旁白末端切齊。

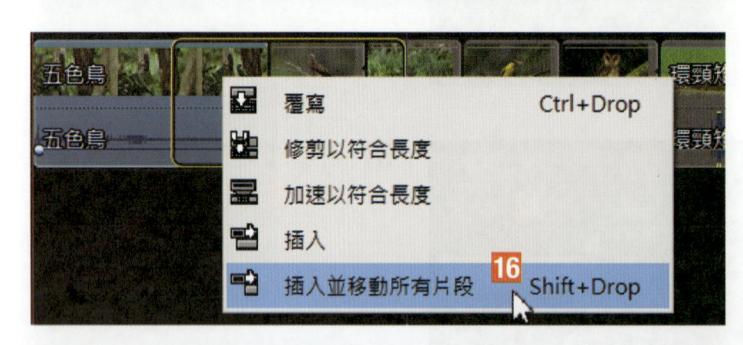

16 選擇【插入並移動所有片段】。

17 點選前方【五色鳥】圖片，拖曳調整時間長度，就可以讓旁白符合五色鳥的播放了。

7-4-2 擷取 CD 音效

威力導演可以把 CD 音樂光碟中的音樂軌，擷取成為 WAV 的音訊檔案。

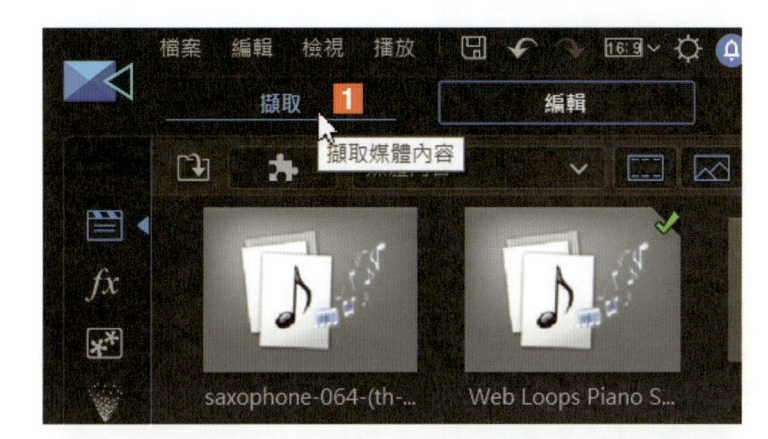

1 點選【擷取】頁籤。

2 點選【從 CD 擷取】。

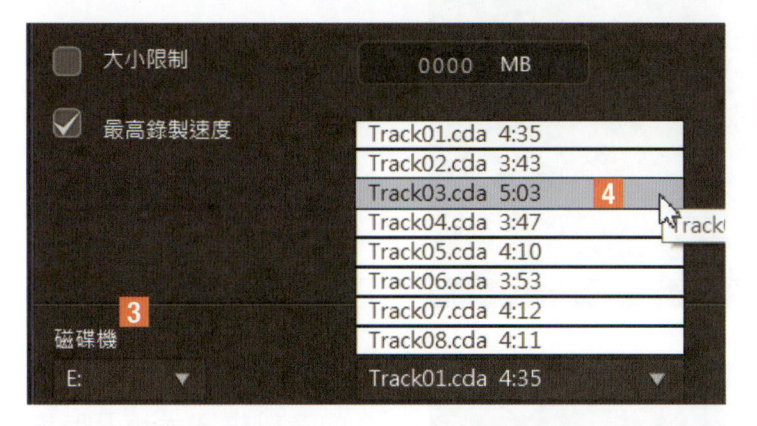

3 選擇 CD 所在的磁碟機。

4 由選單選擇要擷取的音樂軌。

5 按【設定檔】鈕，設定要擷取的音訊品質。

6 點選【屬性】下接選單。

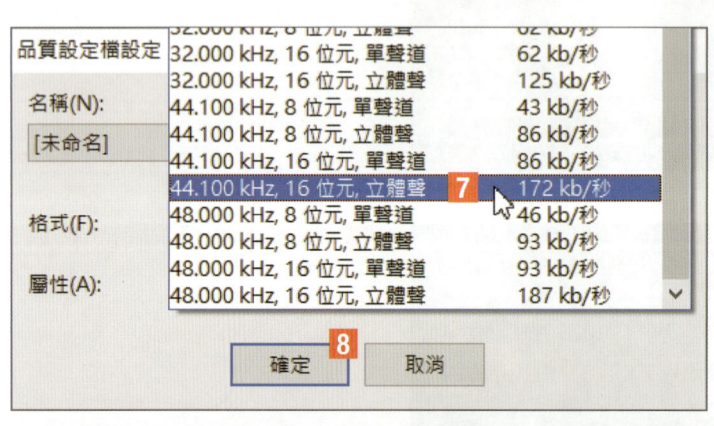

7 請選擇【44,100kHz, 16 位元，立體聲】，可知每播放 1 秒要 172kb。

8 按【確定】鈕。

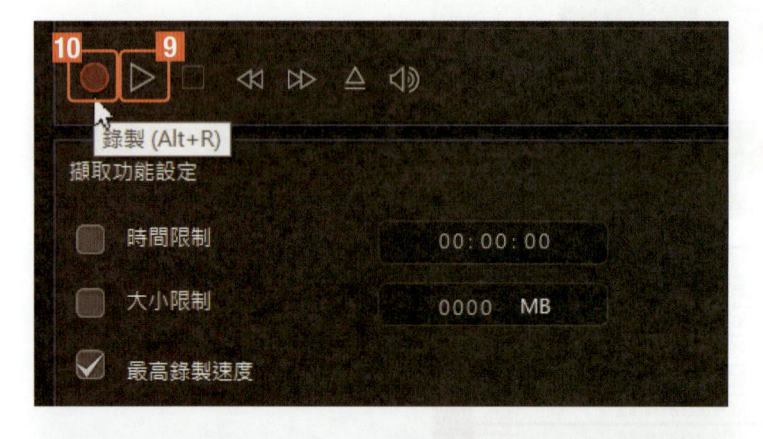

9 按【播放】鈕可以試聽音樂。

10 按【錄製】鈕開始錄製要擷取的 CD 音樂軌。

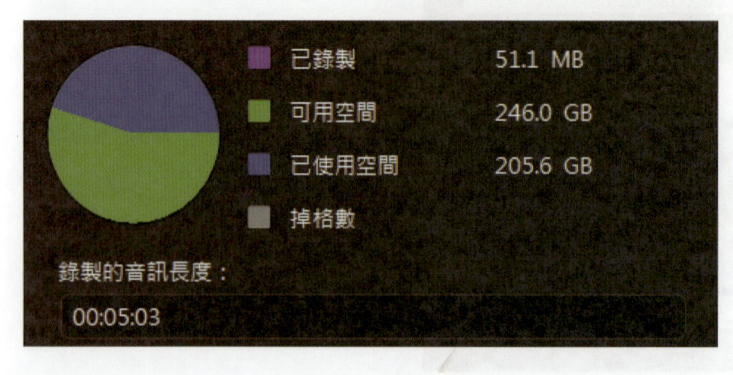

11 可以在右下方看到錄製的音訊檔案大小及時間長度。

12 輸入擷取的檔案名稱。

13 按【確定】鈕。

14 點擊擷取的音效二下。

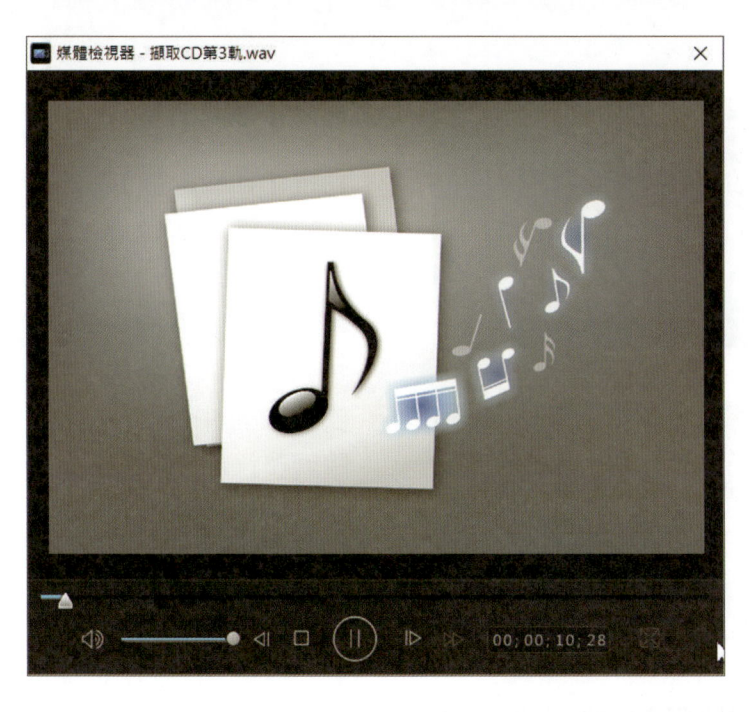

15 試聽是否擷取正確？這個動作很重要，若是擷取錯誤，等到作品完成後要再修正就很麻煩。

Chapter 07 鳥類攝影展─音訊處理

16 點選【編輯】頁籤。

17 擷取的ＣＤ音訊已放入媒體工房中。

7-4-3 擷取電腦螢幕

利用擷取電腦螢幕的功能，可以製作軟體的教學課程，擷取的檔案格式為MP4。

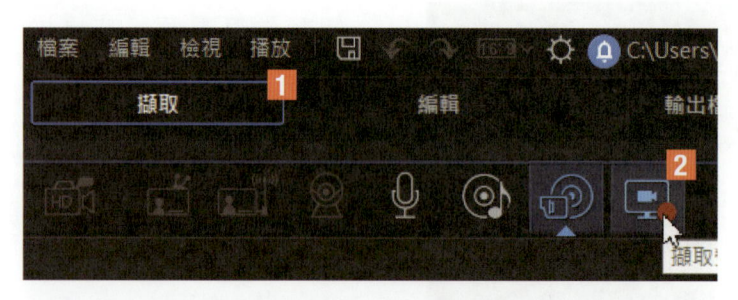

1 選擇【擷取】頁籤。

2 點選【擷取螢幕】鈕。

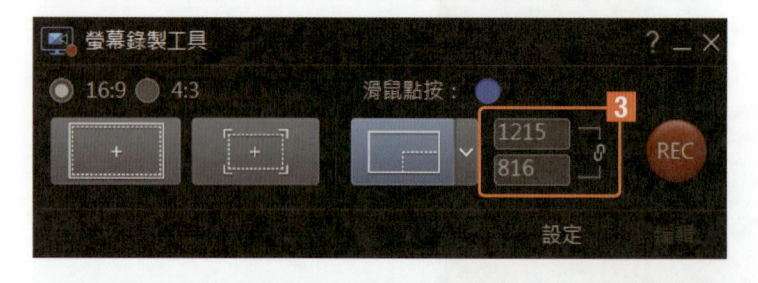

3 依據螢幕中要錄製的軟體調整錄製範圍。

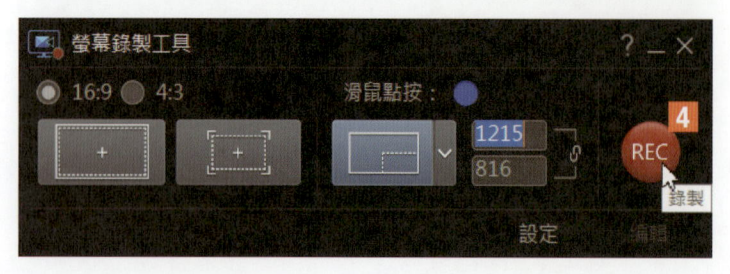

4 按【REC】鈕開始螢幕錄製。

5 倒數結束後，才是真正開始錄製螢幕。

6 要中途暫停錄影時，按【暫停】鈕。

7 要結束錄影時，按【結束】鈕。

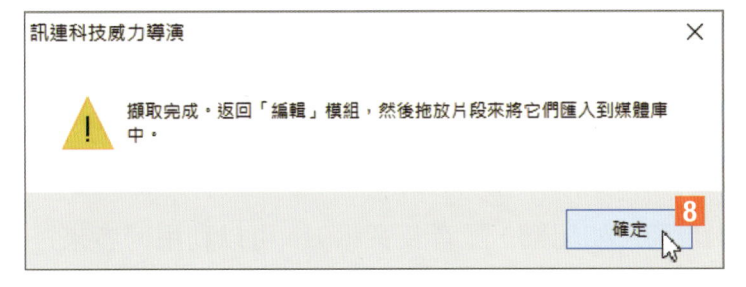

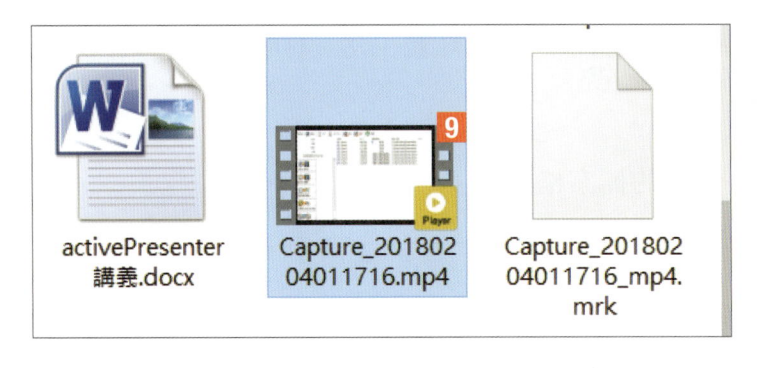

8 按【確定】鈕。

9 錄製的影片會以 MP4 格式存放在【文件】資料夾中，而檔案名稱將以錄製日期時間，自動來命名。

10 將媒體拖曳到媒體工房中，即可在威力導演中使用。

課後練習

選擇題

(　　) 1. 在威力導演中，聲音不會出現在時間軸的哪一個位置？
 (A) ▢　(B) 🔊　(C) 🎤　(D) 🎵 。

(　　) 2. 利用麥克風錄製的配音、旁白，通常會在配音軌，請問為下列何種圖示？
 (A) ▢　(B) 🔊　(C) 🎤　(D) 🎵 。

(　　) 3. 要將音樂【新增到配樂軌】時，要選擇哪一個按鈕？
 (A) ✦　(B) ▢↗　(C) 🎤↗　(D) 🎵↗ 。

(　　) 4. 旁白錄製完成的檔案格式為下列何者？
 (A)MP3　(B)WMV　(C)WAV　(D)MID。

(　　) 5. 要將CD中的音樂轉成WAV檔案，必須在威力導演的哪一個步驟進行？
 (A) 擷取　(B) 編輯　(C) 輸出檔案　(D) 製作光碟。

(　　) 6. 有多個聲音要同時出現時（如配樂、配音及音訊），可以利用何者來控制各個聲音的音量大小？
 (A) 威力工具　(B) 音訊混音工房　(C) 炫粒工房　(D) 轉場特效工房。

填充與實作題

1. 威力導演擷取電腦螢幕後，儲存的檔案格式為＿＿＿＿＿＿。

2. 旁白錄製完成的音訊檔案將會自動放入＿＿＿＿＿＿工房中。

3. 請到 DirectorZone 網站下載循環音樂【Drum and Bass】並安裝到威力導演。

Chapter 08

旗津半日遊
─威力剪輯工具

學習到現在,已經學到威力導演的基本剪輯工具了。但是威力導演其實遠遠不止前面章節介紹的功能而已,它有最強的威力剪輯工具,現在讓我們來認識一下,為何它能夠成為飽受歡迎的威力導演。

8-1 威力工具

威力工具主要針對視訊片段，可以進行下列的剪輯處理。

- **2D 轉 3D**：自動將標準 2D 片段轉為 3D 片段，將 3D 顯示模式設定為正確的預覽 3D 片段。
- **視訊倒播**：可以讓所選的視訊片段進行倒播。
- **裁切與縮放**：可以在視訊畫格的特定部分進行裁切或放大。
- **視訊速度**：可調整整個片段或所選部分範圍的速度，設定成新的視訊時間長度。
- **視訊旋轉**：可以控制旋轉選取的視訊。
- **混合模式**：讓時間軸上選取的媒體和位於其上方軌道的媒體進行混合。

8-1-1 裁切與縮放

拍攝時若是主題離鏡頭太遠時，主題就變得太小而不明顯，可以利用視訊的裁切與縮放來突顯拍攝的主題。

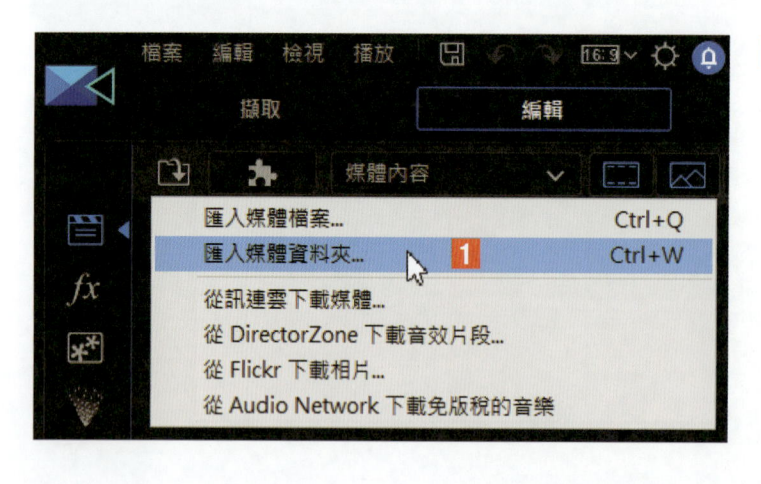

📹 視訊裁切

1 在媒體工房中，選擇【匯入媒體／匯入媒體資料夾】。

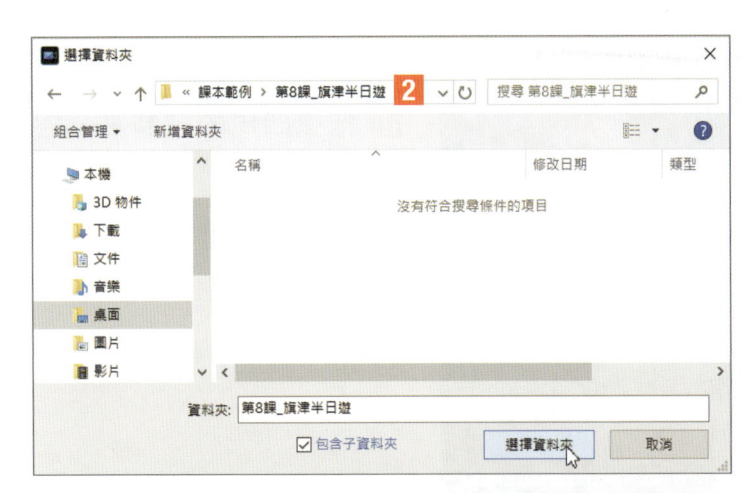

2 匯入【第 8 課 _ 旗津半日遊】資料夾。

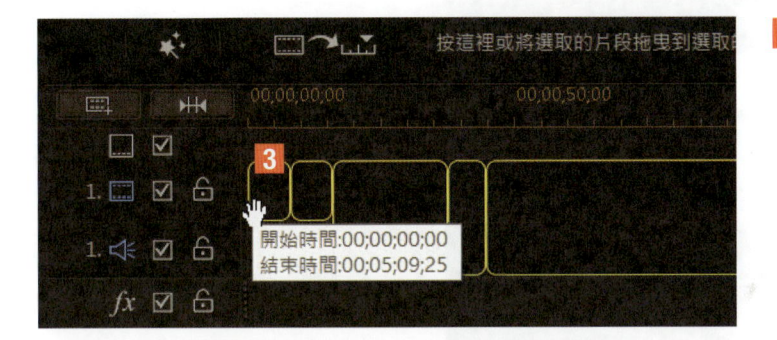

3 拖曳所有媒體到時間軸第 1 軌處。

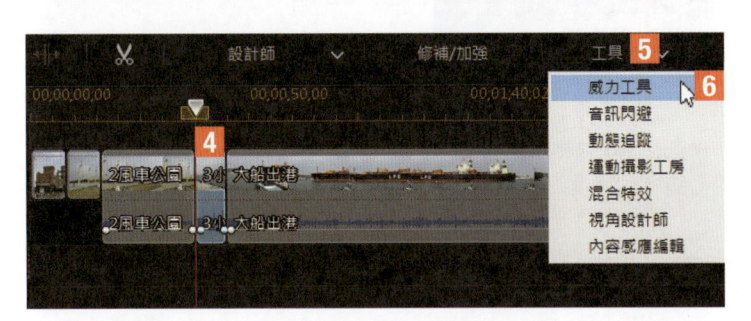

4 點選【3 小快艇】片段。

5 點選【工具】。

6 選擇【威力工具】。

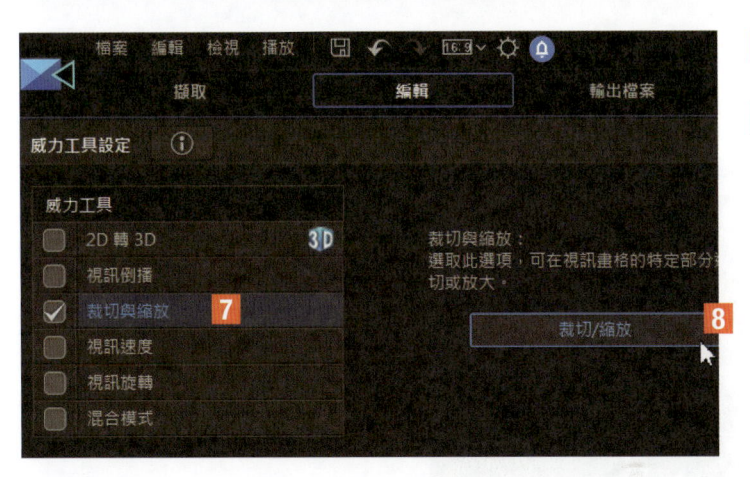

7 勾選【裁剪與縮放】。

8 點選【裁切／縮放】鈕。

9 點選第 1 個關鍵影格。

10 拖曳四周的控制點，縮小視窗畫面。

11 在右上方視窗可看到裁切後的畫面。

12 按【確定】鈕。

13 可看到主題明顯多了。

關鍵畫格

若是主題在移動時會跑出畫面，就必須多增加幾個關鍵畫格來處理。

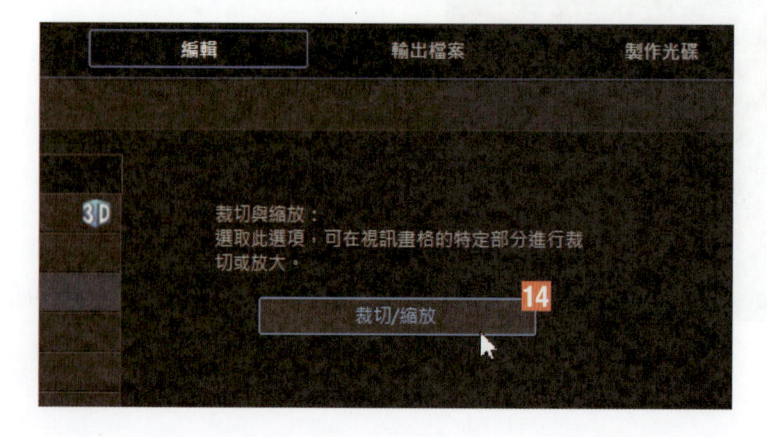

14 按【裁切／縮放】。

15 拖曳播放磁頭。

16 由預覽視窗可觀看畫面效果。

17 在第 4 秒處,可以看到船快要跑出畫面。

18 按【在目前位置加入關鍵畫格 ◇+ 】鈕。

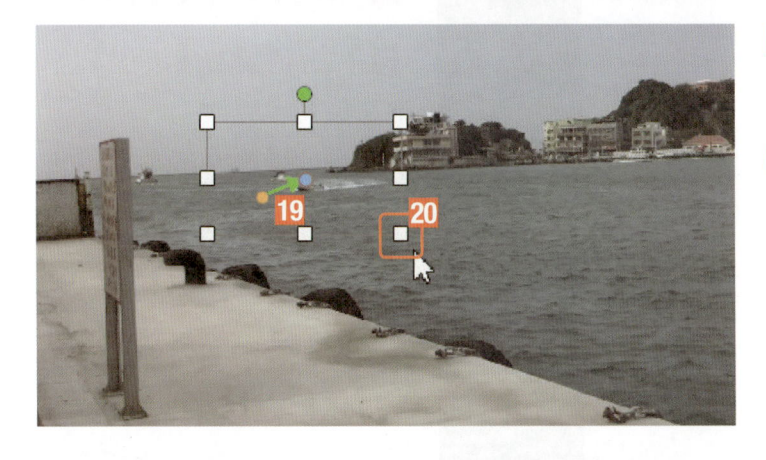

19 拖曳中央的位置控制點到船的位置。

20 拖曳四周的控制點,縮小視窗畫面,讓船更明顯。

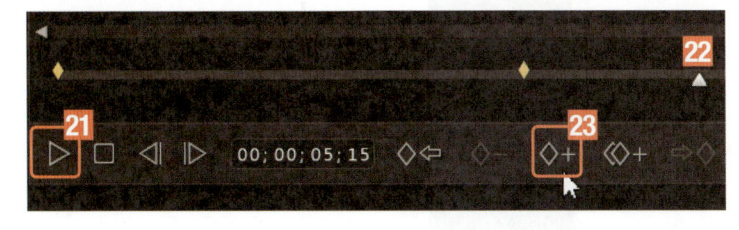

21 按【播放】鈕。

22 在第 5:15 秒處,船又快要跑出畫面。

23 按【在目前位置加入關鍵畫格 ◇+ 】鈕。

Chapter 08

旗津半日遊―威力剪輯工具

24 再次拖曳中央的位置控制點到船的位置。

25 都調整好後,按【確定】鈕。

8-1-2 視訊倒播

有時把視訊進行倒播的處理,看到小快艇向前衝、又向後倒退,再搭配音樂時,會有不同的趣味表現。

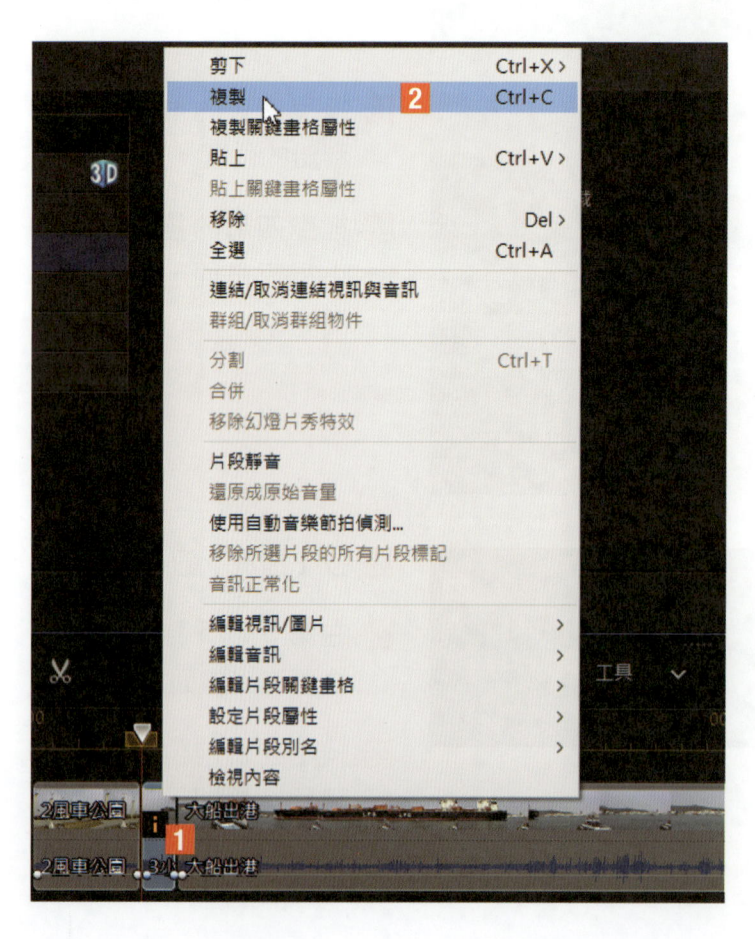

1 點選【3 小快艇】片段。

2 點選滑鼠右鍵,選擇【複製】。

3 點選【3小快艇】片段。

4 按滑鼠右鍵,選擇【貼上／貼上、插入和移動所有片段】。

5 點選第2個【3小快艇】片段。

6 再點選【工具／威力工具】。

7 勾選【視訊倒播】。

8 按【播放】鈕,可以看到船倒著跑!

9 按 ✕ 離開。

Chapter 08

旗津半日遊－威力剪輯工具

8-2 內容感應編輯

在威力導演中可以針對視訊內容，偵測影片是否有晃動或光線不佳等問題進行修正。

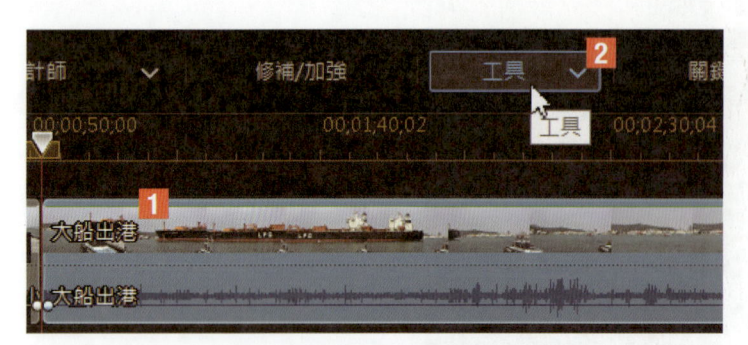

1. 點選【大船出港】片段。
2. 再點選【工具】。
3. 選擇【內容感應編輯】。 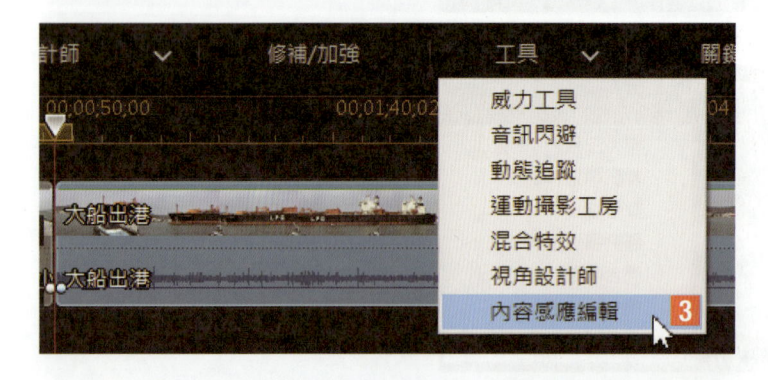
4. 按【播放】鈕預覽。 
5. 可以看到在【視訊晃動】軌有偵測到晃動情形。

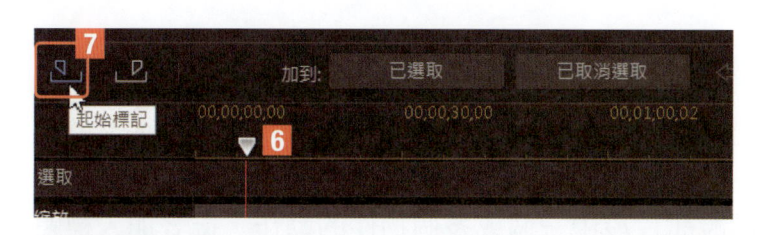

6 將播放磁頭移到偵測晃動的尾端。

7 按【起始標記】鈕。

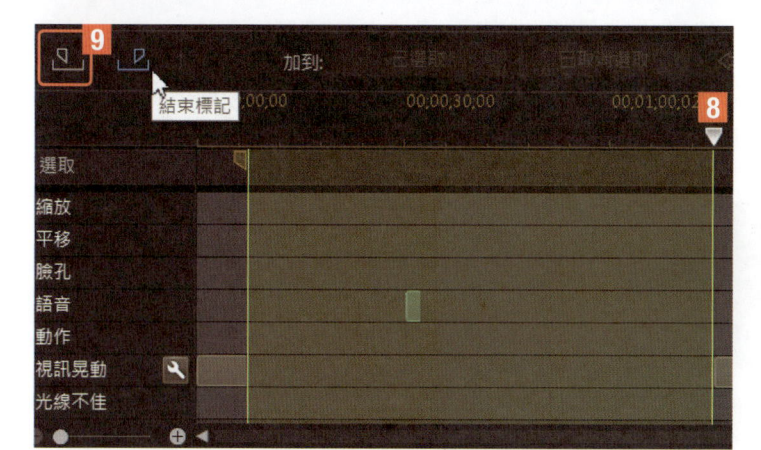

8 將播放磁頭移到偵測第二段晃動的前端。

9 按【結束標記】鈕。

10 按【已選取】鈕。

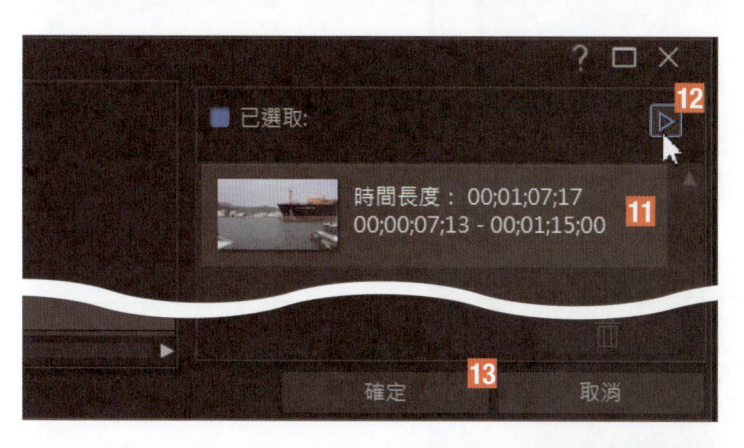

11 標記區已放至【已選取】區。

12 按【播放所有選取的內容】鈕預覽。

13 按【確定】鈕。

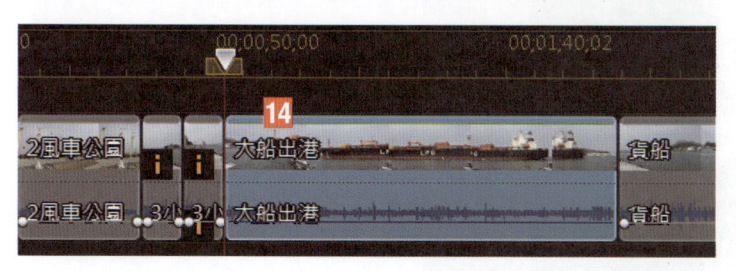

14 可以看到此段片段已修剪完成。

15 存檔命名為【8 旗津半日遊 .pds】。

Chapter 08

旗津半日遊 — 威力剪輯工具

155

8-3 動態追蹤

　　「動態追蹤」工具可追蹤視訊片段中一個或多個物件的動作，接著加入標題文字、特效或子母畫面影像／視訊，它們會隨著視訊中的追蹤物件移動。在拍攝時可能有小朋友或不適合公布的廣告等訊息，要一一去除或打馬賽克，相當麻煩，這時借用動態追蹤就可以輕鬆搞定了。

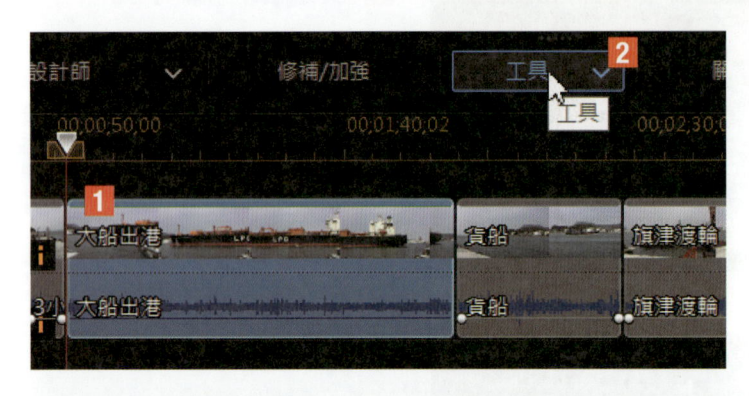

1 選擇【大船出港】片段。

2 點選【工具】。

3 選擇【動態追蹤】。

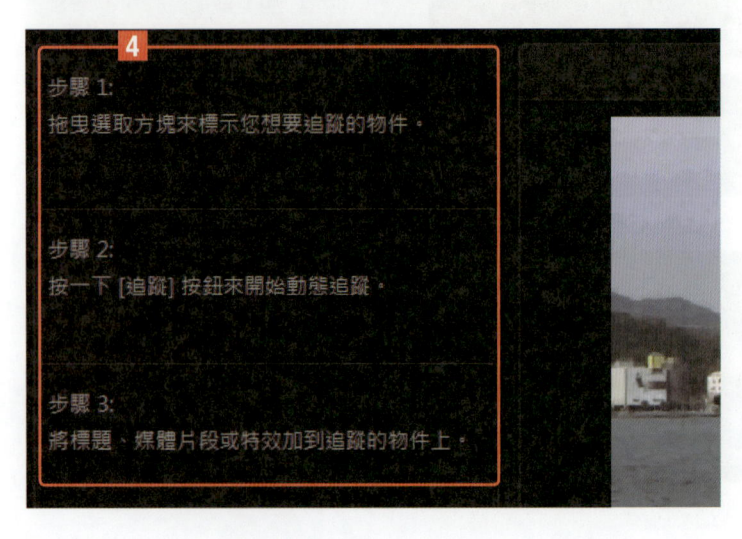

4 左側有清楚的步驟介紹，只要依步驟操作就可以完成。

5 移動方塊位置，並拖曳控制點調整方塊範圍。

6 按【追蹤】鈕。

7 威力導演會自動播放視訊並追蹤方塊的位置。

8 等追蹤的物件消失後，按【停止】鈕。

9 若是追蹤的時間太長，可拖曳播放磁頭到追蹤的末端。

10 按【結束標記】鈕。

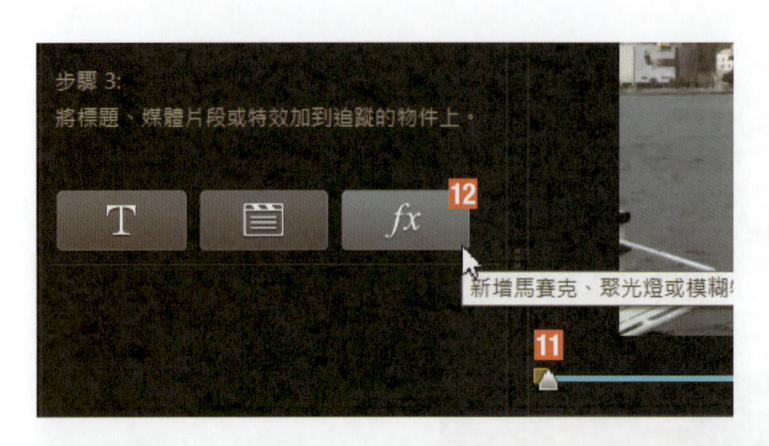

11 將播放磁頭拖曳回追蹤起始位置，以方便後續處理。

12 點選【新增馬賽克、聚光燈或模糊特效 fx 】鈕。

13 選擇【馬賽克】特效。

14 拖曳追蹤範圍內部的馬賽克控制點，調整馬賽克處理範圍。

15 按【播放】鈕檢查是否有把文字全馬賽克起來？

16 按【確定】鈕完成動態追蹤。

8-4 運動攝影工房

在「運動攝影工房」中，可以修復視訊片段或加入特效來標明影片中的動作過程。運動攝影工房可以建立時間調整區段，以進行類似縮時攝影效果；也可以加入凍結畫格，讓動態影像進行靜止畫面。

■◀ 時間移位特效

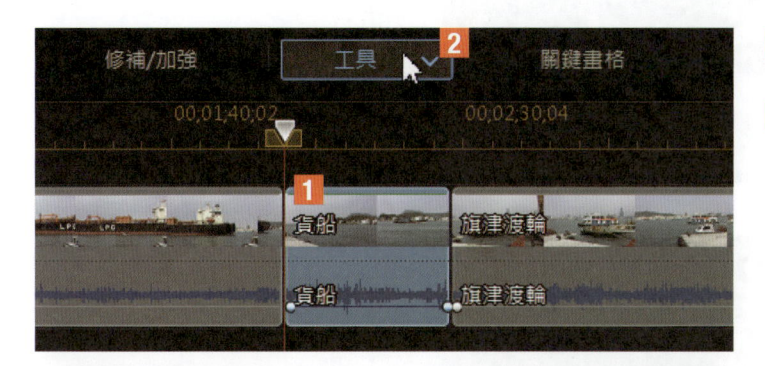

1 點選【貨船】片段。

2 點選【工具】。

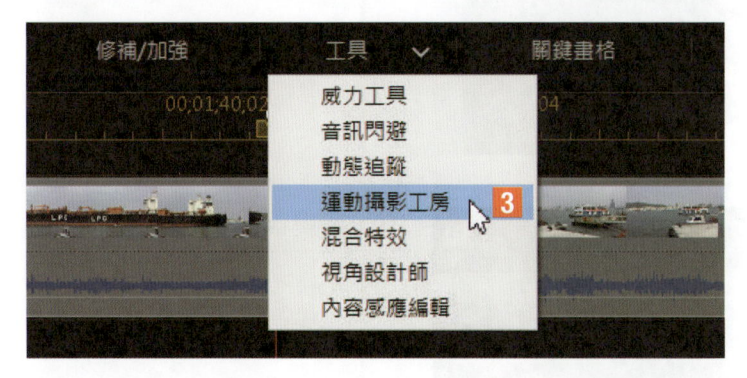

3 選擇【運動攝影工房】。

4 點選【特效】頁籤。

5 選擇【時間移位特效】。

6 下方縮圖可以讓你概略了解播放到哪個鏡頭。

7 若要作更細微的調整，可選擇右側的放大設定。

8 拖曳移動播放磁頭到快艇消失處。

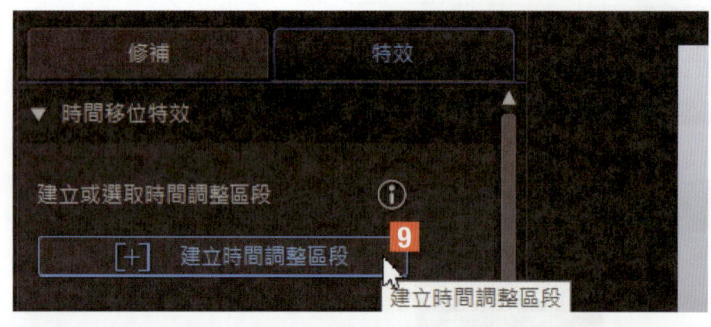

9 按【建立時間調整區段】鈕。

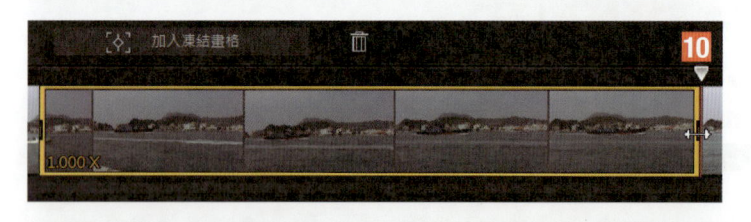

10 拖曳調整時間區段。

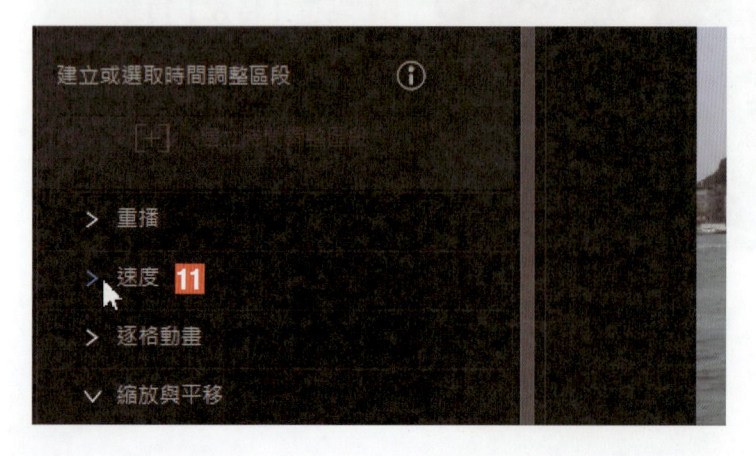

11 點選【速度】設定。

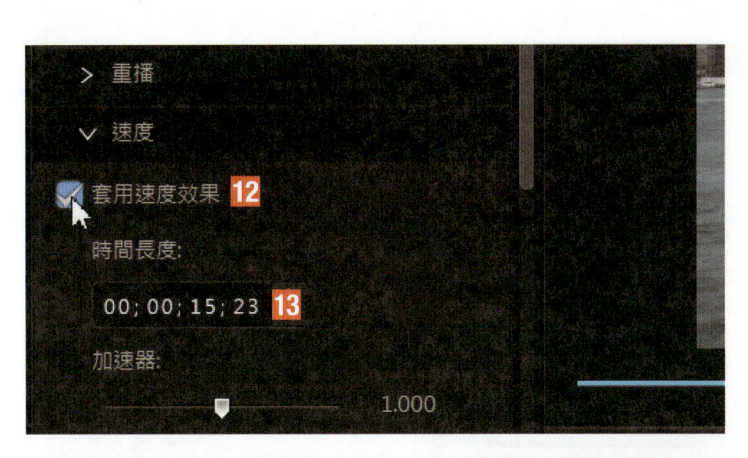

12 勾選【套用速度效果】。

13 原先時間長度為 15：23 秒。

14 調整加速度為【5】倍速度。

15 加速後的時間長度變成 3：05 秒了。

■ 凍結畫格

16 拖曳播放磁頭到第 23 秒處。

17 點選【特效】頁籤。

18 點選【凍結畫格】。

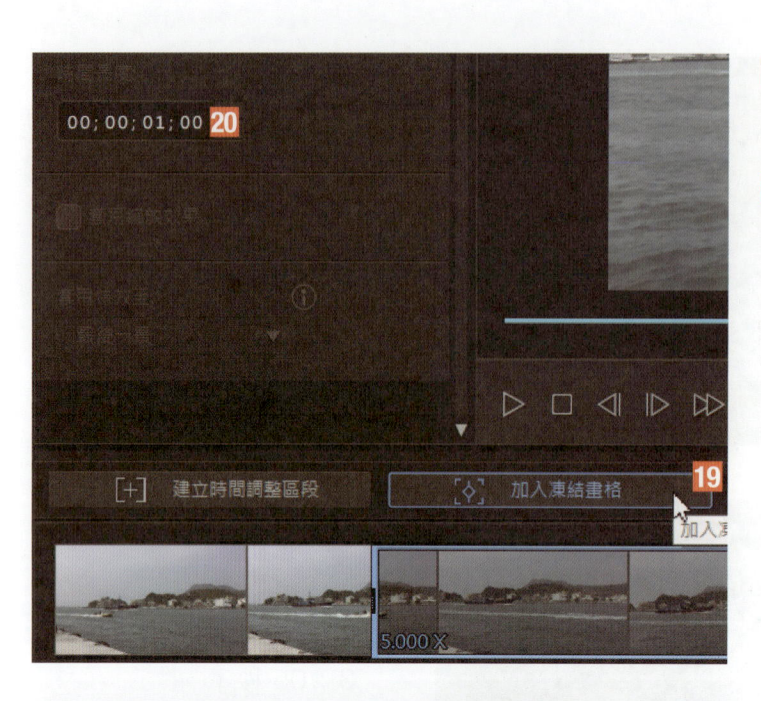

19 點選【加入凍結畫格】鈕。

20 預設凍結畫面的時間為 1 秒。

21 更改凍結畫格時間為【10】秒。

22 勾選【套用縮放效果】。

23 拖曳中心位置並調整縮放的範圍。

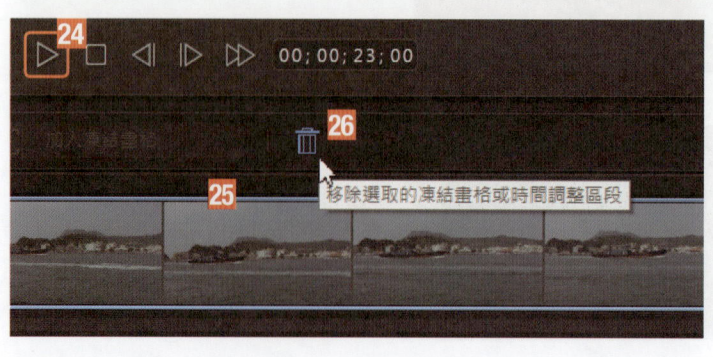

24 按【播放】鈕預覽效果。

25 若要移除特效,點選【凍結畫格】特效。

26 按【移除選取的凍結畫格或時間調整區段 🗑 】鈕。

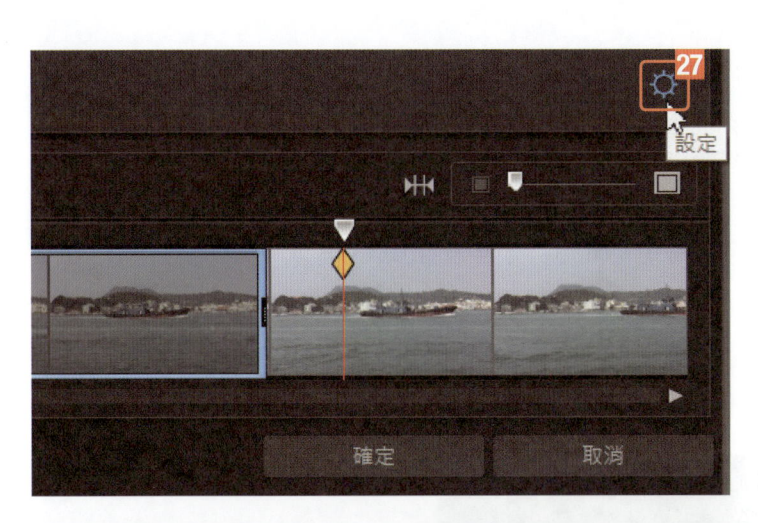

27 按【設定】鈕。

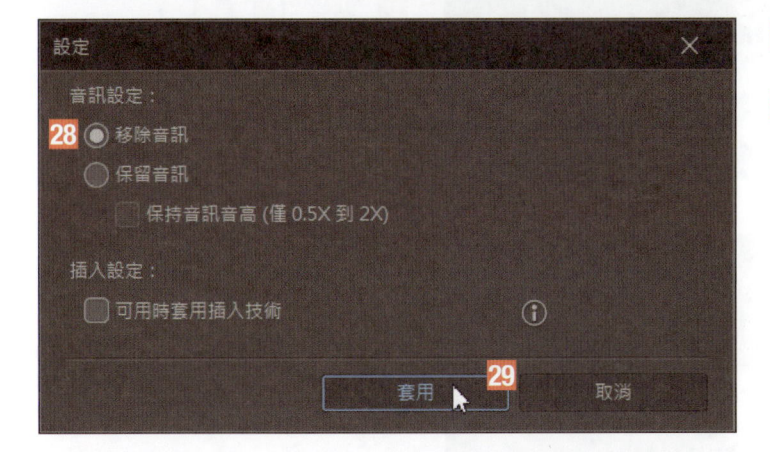

28 點選【移除音訊】。

29 按【套用】鈕。

30 按【確定】鈕完成運動攝影工房。

31 可以看到【貨船】片段上有運動攝影機片段的圖片 🎦 。

8-5 混合特效

在「混合特效」視窗中，可將選取的片段與影像風格檔或範本混合，創造出具獨特外觀的重疊效果。

加入混合特效

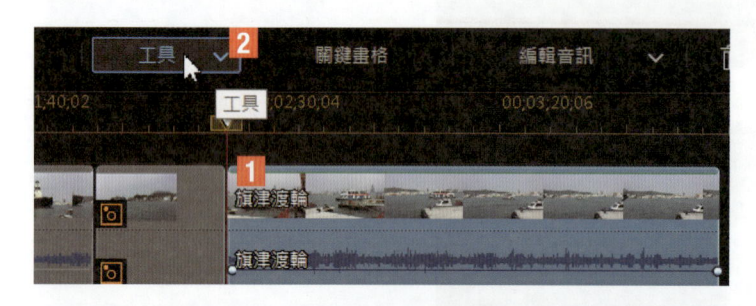

1 點選【渡輪】片段。

2 點選【工具】。

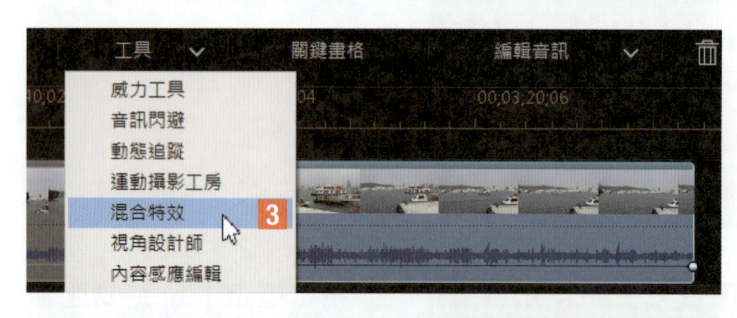

3 選擇【混合特效】。

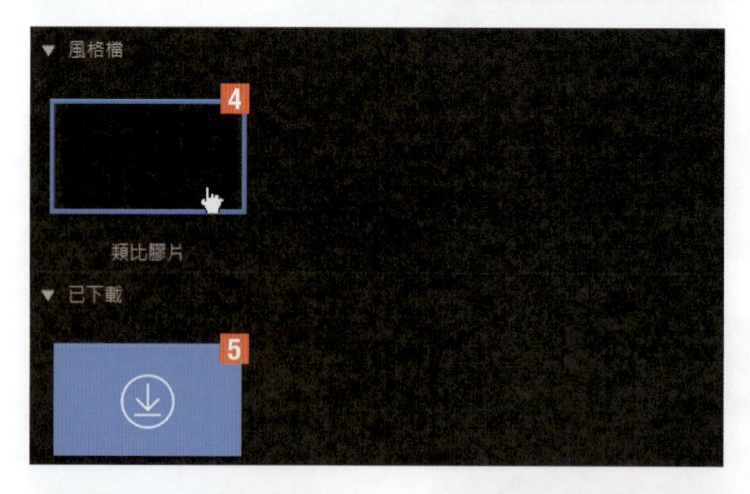

4 點選【類比膠片】。

5 也可以到 DirectorZone 網站下載免費範本。

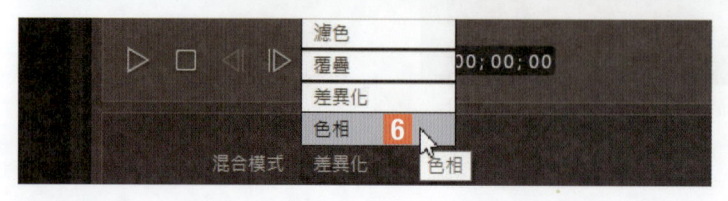

6 點選混合模式的【色相】，這樣會有復古的味道。

7 不透明度設為【100%】。

8 按【確定】鈕。

■ 停用／移除混合特效

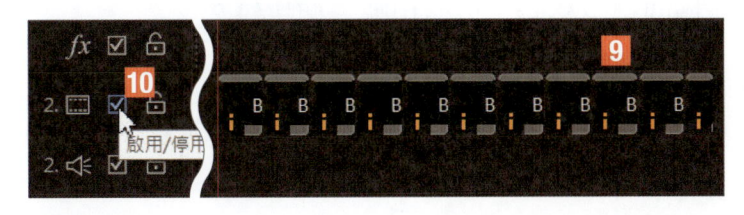

9 威力導演會在第 2 軌加入特效來與第 1 軌混合呈現。

10 停用第 2 軌視訊軌。

11 按【播放】鈕。

12 可以看到混合特效就被暫時停用了。

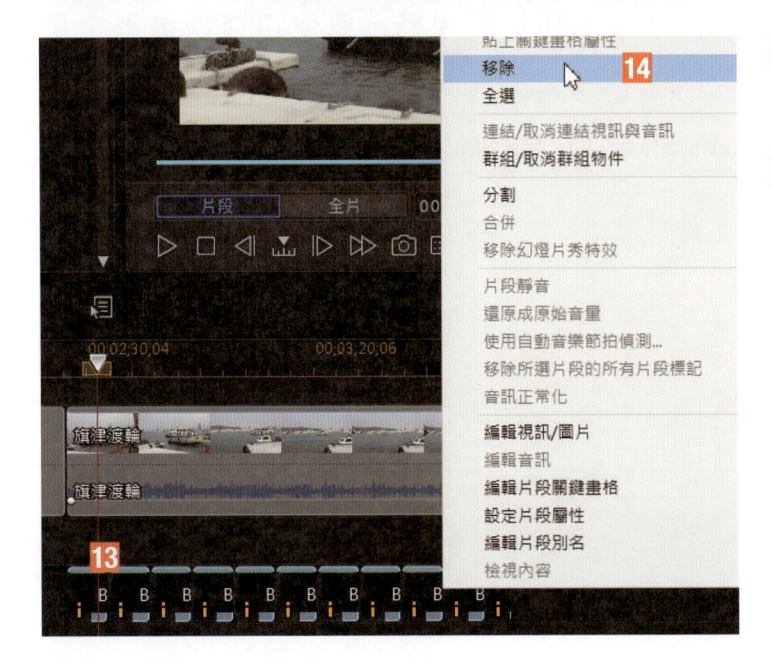

13 選取第 2 軌的視訊軌片段。

14 按滑鼠右鍵選擇【移除】，就可以移除混合特效。

Chapter 08 旗津半日遊——威力剪輯工具

課後練習

選擇題

(　　) 1. 要進行視訊的【裁剪與縮放】時，要使用何種工具？
(A) 威力工具　(B) 動態追蹤　(C) 混合特效　(D) 視角設計師。

(　　) 2. 在主題移動時，要新增關鍵影格時，要使用哪一個按鈕？
(A) ◇⇐　(B) ◇+　(C) ◇-　(D) ⇒◇。

(　　) 3. 要追蹤視訊片段中某一物件的行進路線，以加入馬賽克特效或文字說明時，可以使用何種工具？
(A) 威力工具　(B) 內容感應編輯　(C) 動態追蹤　(D) 混合編輯。

(　　) 4. 要把視訊片段中的某一個畫面以凍結畫格的方式呈現時，要選用哪一個工具？
(A) 炫粒工房　(B) 轉場特效工房　(C) 動態追蹤　(D) 運動攝影工房。

填充與實作題

1. 要將視訊中物體的行進路線倒退行進時，可以使用＿＿＿＿＿＿功能。

2. 要偵測影片是否有晃動或光線不佳時，可以使用＿＿＿＿＿＿工具來修正。

3. 要把 40 分鐘的視訊片段在 5 分鐘內播放結束時，要使用運動攝影工房的＿＿＿＿＿＿。

4. 請到 DirectorZone 下載【Lens Flare 2】混合特效並安裝到威力導演，套用在【渡輪】片段。

Chapter 09

黑森林小鎮
—覆疊合成應用

本章將介紹各種媒體的覆疊剪輯,利用媒體的覆疊效果,可以使影片變得更有層次感、效果更豐富、精彩。

9-1 覆疊說明

「覆疊」其實就是重複堆疊的意思，威力導演支援多軌剪輯，只要各媒體彼此之間不要完全被蓋住，就可以產生層次覆疊的效果。例如右圖就是由二張圖片及文字等 3 個軌道覆疊而成的。

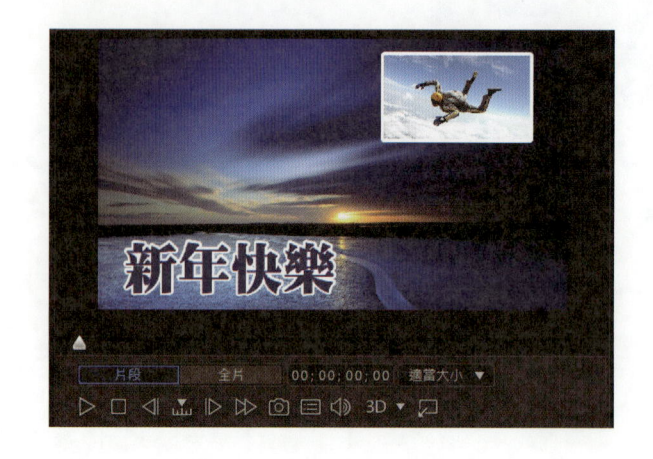

威力導演中，有哪些媒體素材可以作覆疊處理呢？其實不管視訊影片、相片、文字、色板、物件或畫框等，都可以採覆疊處理，產生子母畫面的效果。

■ 色板覆疊

使用色板覆疊在視訊或相片上時，再配合透明度調整，就可以作為文字背景效果，讓文字更加清楚。

■ 透明畫框覆疊

透過 DirectorZone 網站下載，或是自行利用繪圖軟體設計製作，只要是去背透明的影像圖案，儲存為 PNG 格式後，就可以在威力導演中使用。

9-2 子母畫面

「子母畫面」的效果其實就是在一個大影像畫面中,呈現一個小的影像畫面。這種手法常在新聞節目中看到,在威力導演中要製作這樣的效果,只需要使用 2 個視訊軌覆疊就可以完成。

9-2-1 簡易子母畫面

先來製作一個簡單的子母畫面,實際體會子母畫面的呈現情形及相對位置。

1 開啟威力導演,在【媒體工房】中匯入【第 9 課_黑森林小鎮】媒體資料夾。

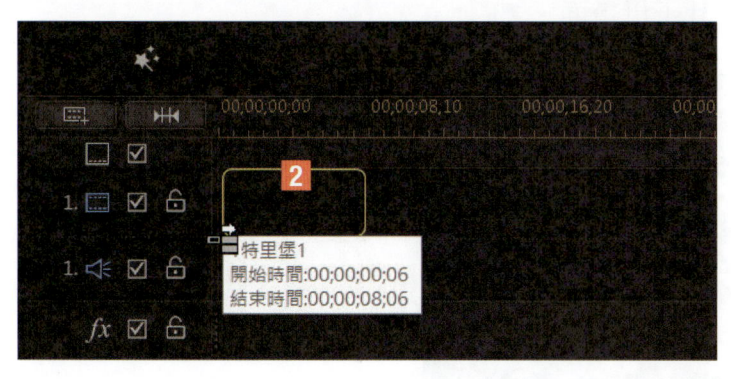

2 將【1 特里堡 1】拖曳到第 1 軌視訊軌處。

Chapter 09 黑森林小鎮—覆疊合成應用

169

3 將【1特里堡2】拖曳到第2軌視訊軌處。

4 注意時間長度需和上方第1軌片段相同。

5 拖曳調整控制點,將預覽視窗中的畫面縮小,並移動到適當位置。

6 子母畫面中,第2軌的畫面會覆蓋在第1軌的上方,這是必須特別注意的。

9-2-2 子母畫面設計師

要製作子母畫面當然不會像上一節那樣的簡單,威力導演提供了強大的子母畫面設計師可以隨心所欲地設計子母畫面。

1 點選第2軌視訊軌。

2 可以在預覽視窗了解現在是選擇何者。

3 點選【設計師】。

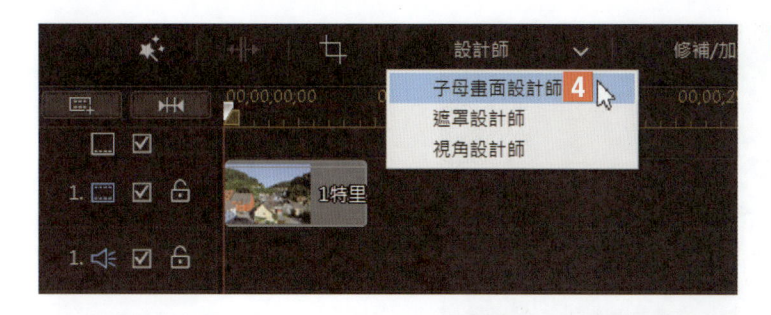

4 選擇【子母畫面設計師】。

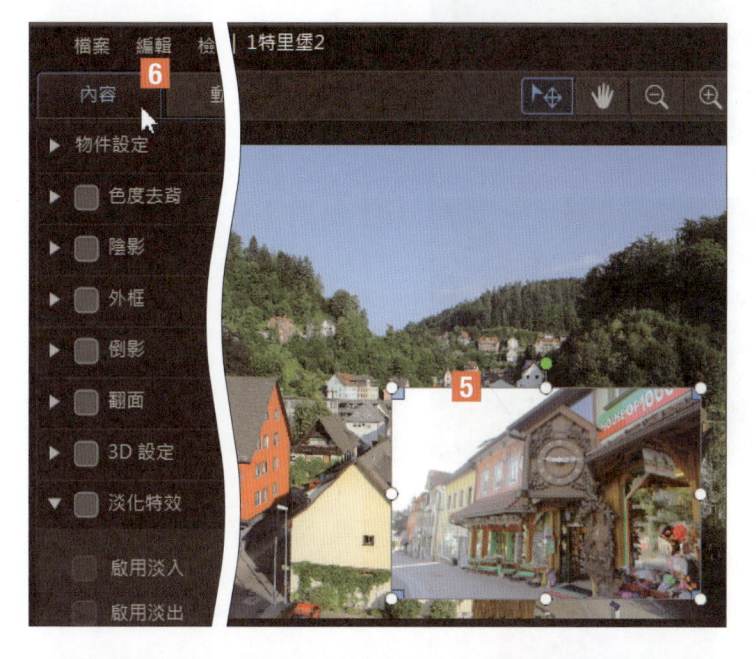

5 可以看到它是針對第 2 軌來作處理。

6 點選【內容】頁籤。

7 勾選【外框】。

8 設定外框大小【5】。

9 設定不透明度【85%】。

Chapter 09

黑森林小鎮—覆疊合成應用

171

10 點選【填滿類型】，選擇【雙色漸層】。

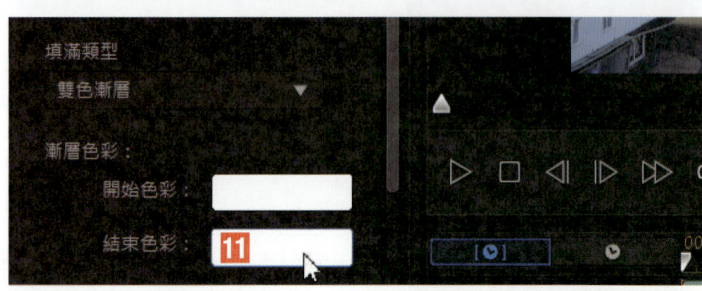

11 點選【結束色彩】。

12 點選喜好色彩。

13 按【確定】鈕。

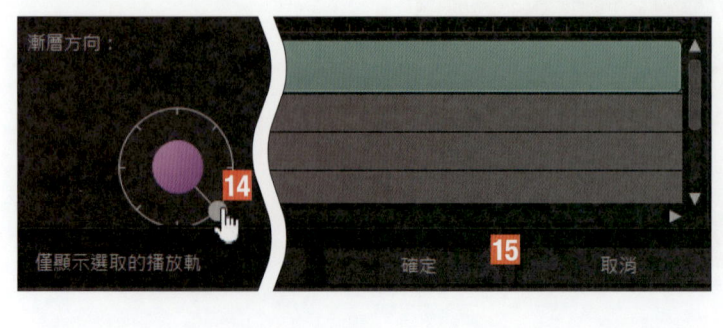

14 調整漸層方向。

15 按【確定】鈕。

16 完成子母畫面設計了。

◼ 色調調整

有時為了突顯子畫面，會針對母畫面作色調處理，以區別二者的角色。

17 點選第 1 軌視訊片段。

18 點選【修補／加強】。

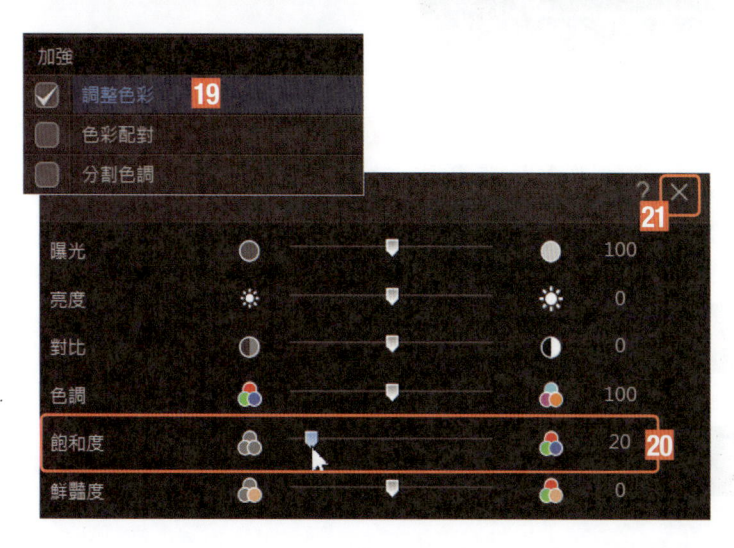

19 勾選【調整色彩】。

20 調整飽和度為【20】。

21 按【關閉❌】離開。

9-2-3 子母畫面物件工房

當然設計子母畫面最方便的就是使用【子母畫面物件工房】中範本，並且可由 DirectorZone 網站下載子畫面範本來使用。

■◣ 下載子母畫面物件工房範本

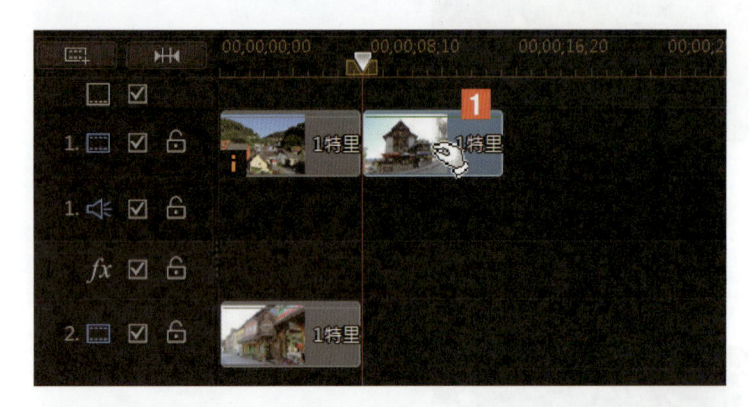

1 拖曳【1 特里堡 3】到第 1 軌視訊軌。

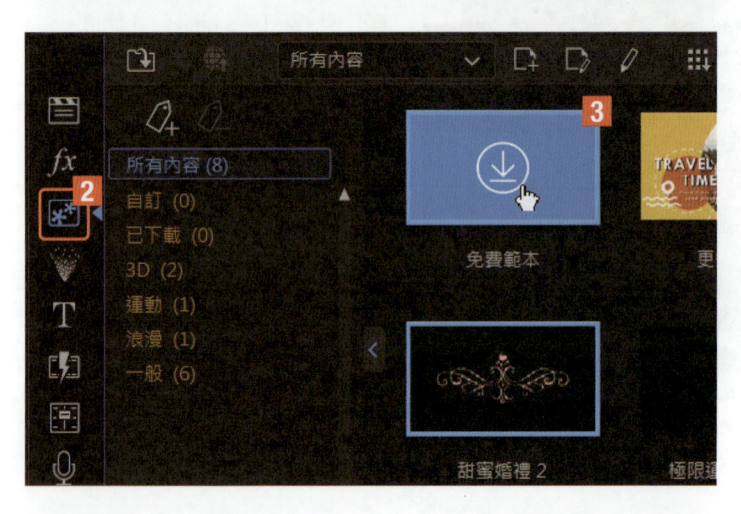

2 點選【子母畫面物件工房】。

3 點選【免費範本】。

> **小說明**
> 若是點選【更多範本】則是進入要付費購買範本的網頁。

4 點選喜好的範本。

5 按【下載】。

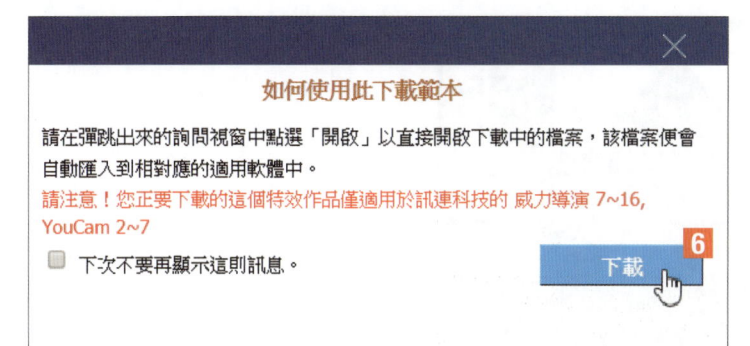

6 點選【下載】鈕。

7 點選【開啟】。

8 按【確定】鈕。

Chapter 09 黑森林小鎮 — 覆疊合成應用

9 在【已下載】中可以找到剛剛下載的範本。

10 把範本拖曳到第 2 軌視訊軌處。

11 預覽視窗可以看到子母畫面效果,但底圖被遮住了。

■◀ 調整物件配合範本

12 點選第 1 軌【1 特里堡 3】。

13 可以看到 8 個控制點。

14 拖曳控制點調整大小及位置，讓底圖剛好在框框中。

9-2-4 從圖片建立新的子母畫面物件

使用已經透明去背的圖片，可以由圖片自行建立新的子母畫面物件。

1 將【3咕咕鐘1】拖曳放至第1軌視訊軌。

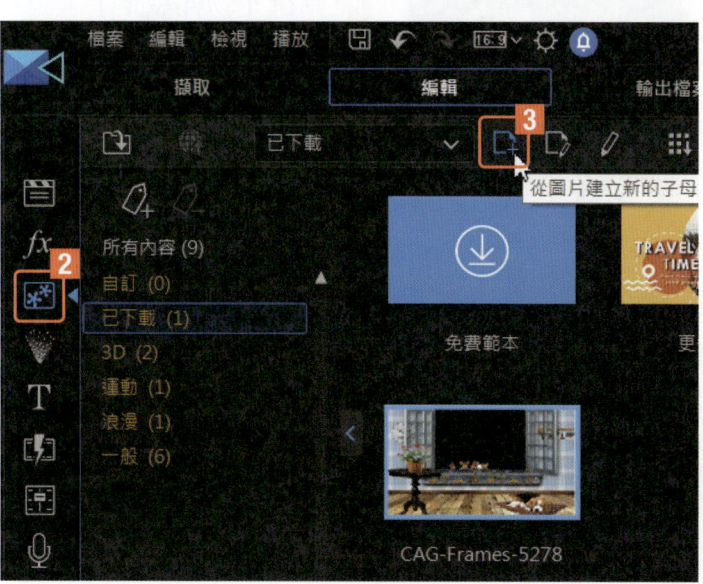

2 點選【子母畫面物件工房】。

3 按【從圖片建立新的子母畫面物件】鈕。

4 點選【5圖片外框.png】圖片。

5 按【開啟】鈕。

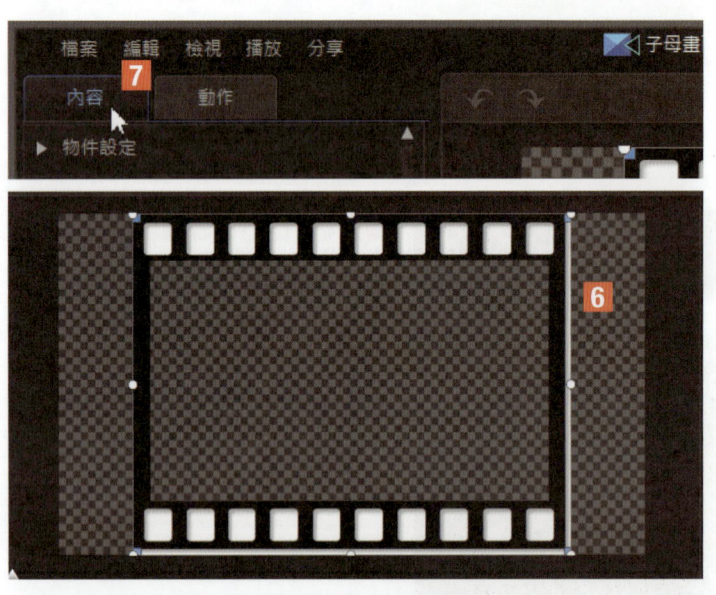

6 因為圖片是 4：3，而影片是 16：9，所以需要調整一下。

7 點選【內容】頁籤。

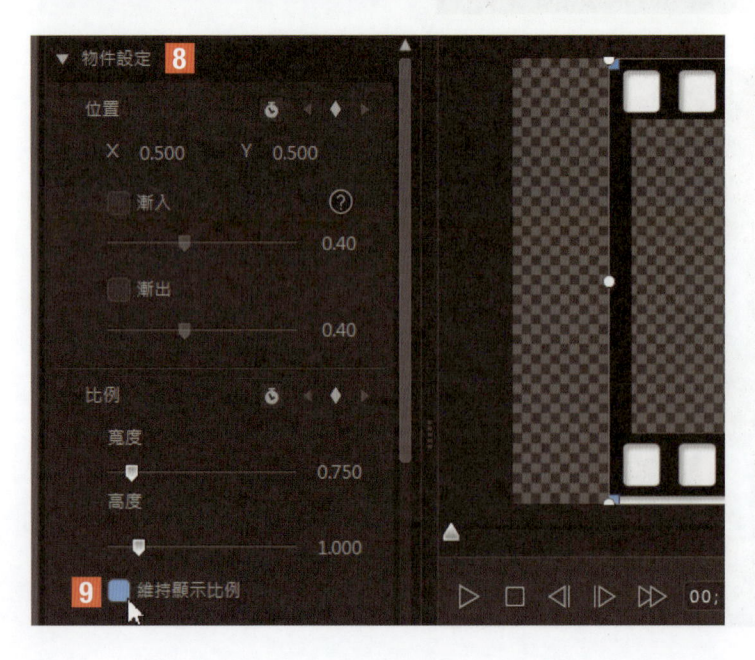

8 點選【物件設定】。

9 取消勾選【維持顯示比例】。

10 拖曳調整大小。

11 按【確定】鈕。

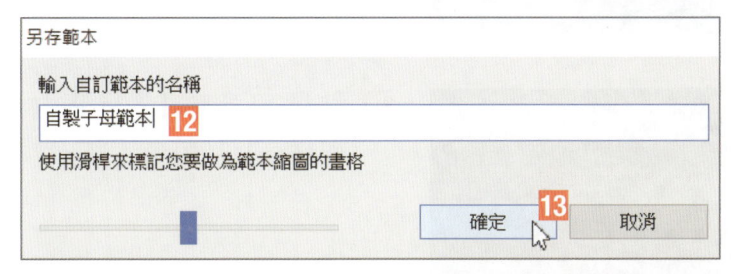

12 輸入範本名稱。

13 按【確定】鈕。

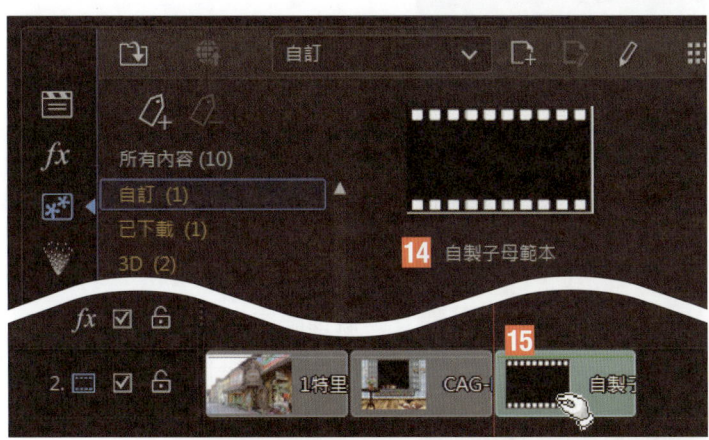

14 自製範本已出現在【自訂】資料夾中。

15 拖曳到第 2 軌視訊軌。

16 預覽視窗即顯示子母畫面。

9-2-5 多重子母畫面

只要把各媒體素材放置在同一畫面的不同軌道，就可以呈現多重子母畫面的效果。

1 將【2黑森林蛋糕1】、【2黑森林蛋糕2】、【2黑森林蛋糕3】三個媒體拖曳到時間軸第1、2、3軌。

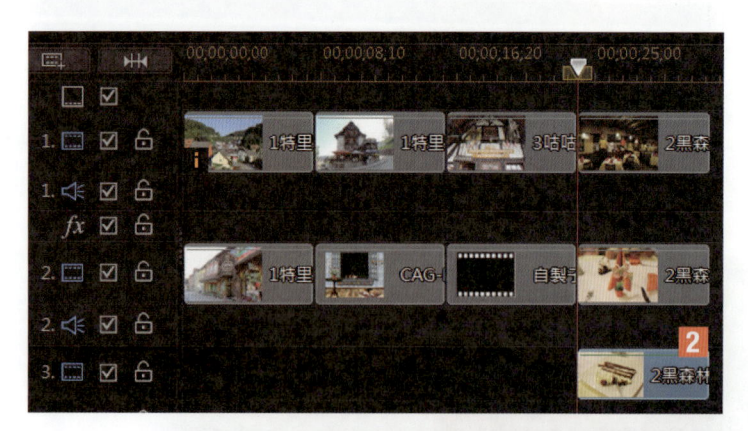

2 點選第3軌【2黑森林蛋糕3】片段。

3 拖曳調整大小。

小說明
處理時要由最上方的物件先處理

4 點選第 2 軌【2 黑森林蛋糕 2】片段。

5 拖曳調整大小。

6 將二者加上外框。

7 拖曳中央圓形，旋轉圖片角度。

8 儲存專案【9 黑森林小鎮 .pds】。

Chapter
09

黑森林小鎮─覆疊合成應用

9-2-6 建立新的手繪繪圖動畫

子母畫面不是只有靜態的圖片，也可以有動態範本及手繪效果。

1 將播放磁頭移到要加入手繪動畫處。

2 點選【子母畫面物件工房】。

3 點選【在繪圖設計師中建立新的手繪繪圖動畫】。

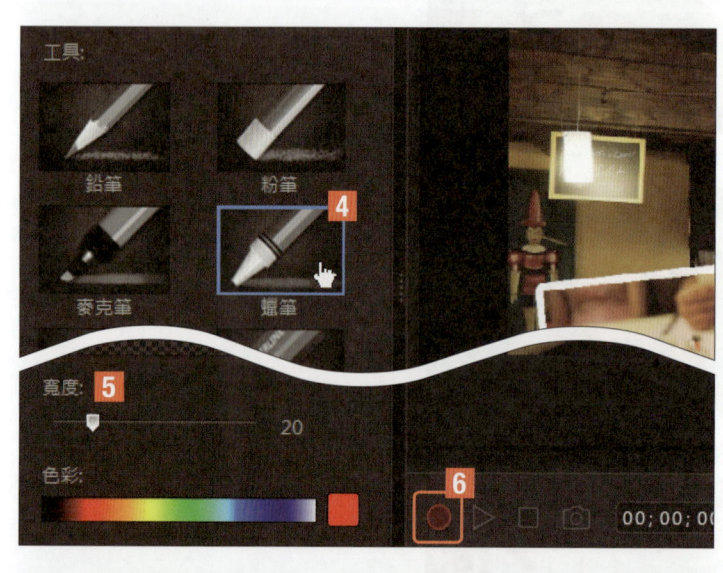

4 選擇【蠟筆】。

5 調整【寬度】。

6 按【錄製 ⏺】鈕開始錄製手繪動畫。

7 手繪圖案或文字。

8 點選【錄影 ⏺】停止錄影。

9 按【確定】鈕。

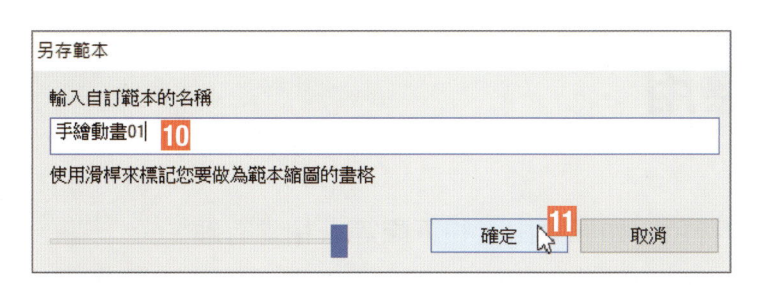

10 輸入範本名稱。

11 按【確定】鈕。

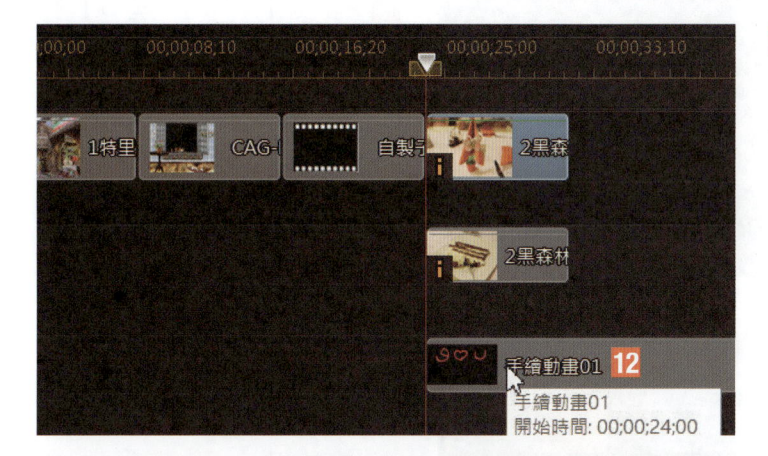

12 拖曳【手繪動畫 01】到第 4 軌視訊軌。

13 調整手繪動畫時間，動畫播放的速度會變快，但是手繪內容仍會完整播放。

9-3 炫粒工房應用

炫粒工房特效具有動態的特色，如楓葉由上往下飄等，相當有趣。

1 拖曳【1特里堡3】到時間軸第1軌。

2 點選【炫粒工房】。

3 點選【楓葉】，可以預覽效果。

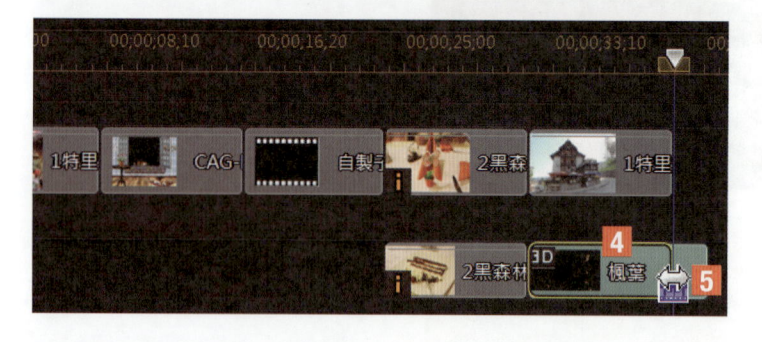

4 拖曳【楓葉】炫粒特效到第2軌。

5 調整炫粒特效的時間長度。

■ 修改特效

6 點選【楓葉】炫粒特效。

7 按【設計師】。

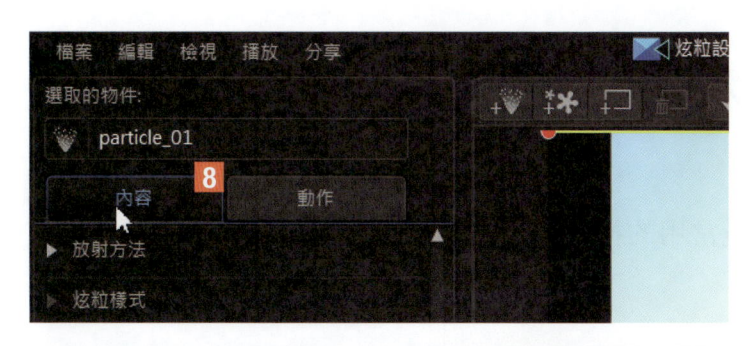

8 點選【內容】頁籤。

9 點選【放射方法】。
10 選擇【點狀】。

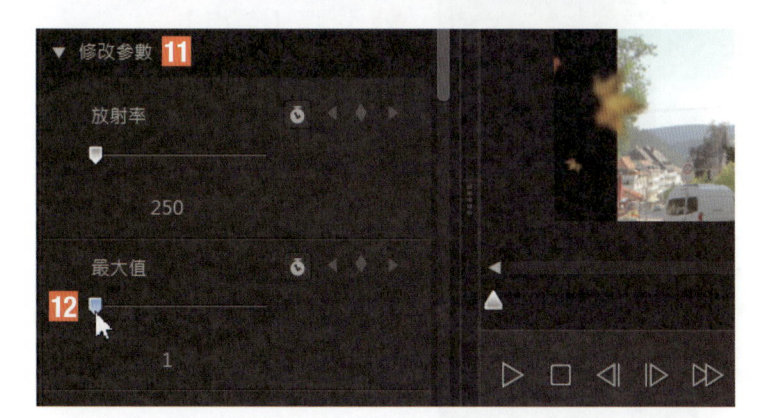

11 點選【修改參數】。
12 設定最大值【1】。
13 按【確定】

14 完成炫粒工房套用。

9-4 色板應用／遮罩設計師

色板與遮罩在影片剪輯是常用的技巧，熟悉它們的應用原則，可以讓作品有畫龍點睛的效果。

1. 將【3 咕咕鐘 3】拖曳到時間軸第 1 軌。

2. 點選【媒體工房】。

3. 選擇【色板】。

4. 點選色板色彩。

5. 拖曳色板到時間軸第 2 軌。

6 點選【設計師】。

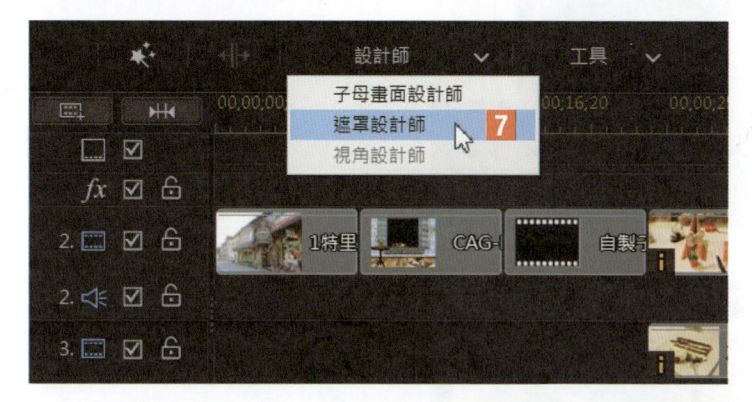

7 選擇【遮罩設計師】。

8 點選【遮色片】頁籤。

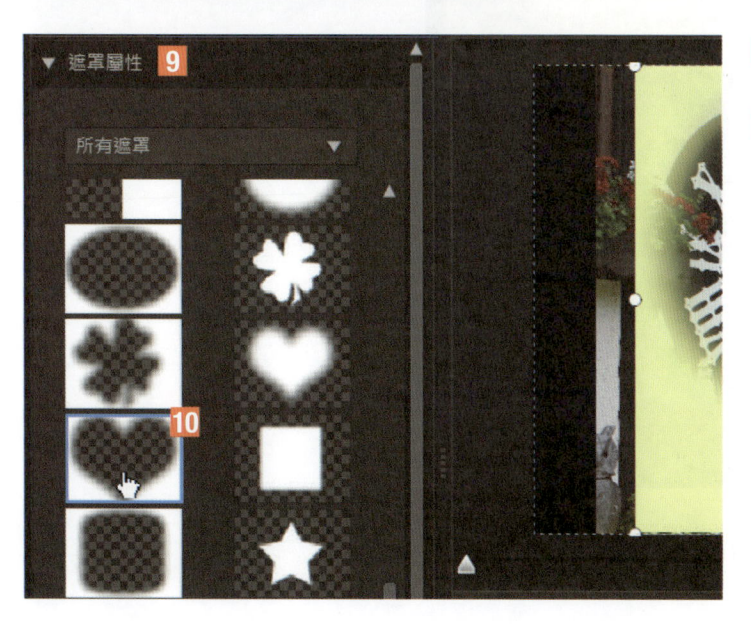

9 點選【遮罩屬性】。

10 選擇心型遮罩。

Chapter 09

黑森林小鎮—覆疊合成應用

187

11 點選【物件設定】。

12 取消勾選【維持遮罩顯示比例】。

13 調整遮罩大小範圍。

14 按【確定】鈕。

15 預覽即可看到色板遮罩的變化。

課後練習

選擇題

(　　) 1. 威力導演中要插入的去背圖框圖檔，其檔案格式為？
(A) JPG　(B) PNG　(C) BMP　(D) TIF。

(　　) 2. 下圖中，圖片、色板及文字三者由上而下的順序為何？

(A) 圖片、色板、文字　　　(B) 圖片、文字、色板
(C) 文字、色板、圖片　　　(D) 色板、文字、圖片。

(　　) 3. 要建立新的手繪繪圖動畫時，要在以下何者中進行？
(A) 媒體工房　　　　　　　(B) 轉場特效工房
(C) 炫粒工房　　　　　　　(D) 子母畫面物件工房。

(　　) 4. 要在第4軌的視訊片段中加入炫粒工房時，必須把炫粒工房範本放置在以下哪一軌？
(A) 2　(B) 3　(C) 4　(D) 5。

填充與實作題

1. 一般的子母畫面中，子畫面在＿＿＿＿＿＿方，母畫面在＿＿＿＿＿＿方。

2. 要調整物件大小比例，以整符合適當的子母畫面時，要在子母畫面物件工房中的內容頁籤的＿＿＿＿＿＿中，取消勾選＿＿＿＿＿＿。

3. 若要讓色板產生遮罩效果時，要使用＿＿＿＿＿＿設計師。

4. 請到 DirectorZone 下載子母畫面範本【CAG-Frames-5431】並安裝到威力導演。

Chapter 10

成果光碟
—章節選單

在努力完成自己的影片剪輯作品後,當然要好好地和親友分享。製作成 DVD 光碟是個不錯的方法,不但可以作為記錄留念,也可以轉寄給好友欣賞。

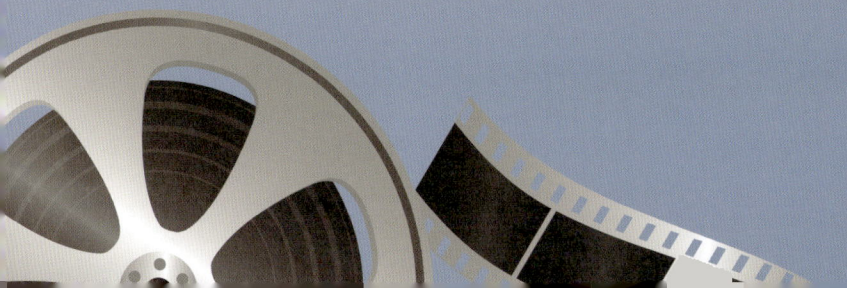

10-1 匯入視訊媒體

在製作光碟之前，要先決定有哪些視訊要收錄進來作為內容。

1 開啟威力導演，點選【製作光碟】頁籤。

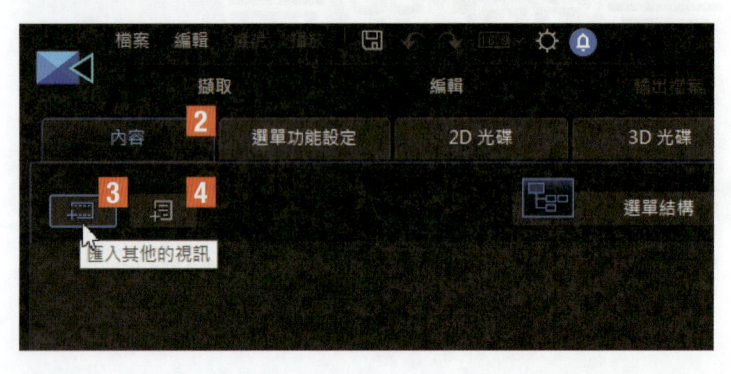

2 點選【內容】頁籤。

3 點選【匯入其他的視訊 】。

4 若要匯入的是威力導演的專案檔時，可以點選【 】。

5 點選所有要匯入的視訊檔案。

6 按【開啟】鈕。

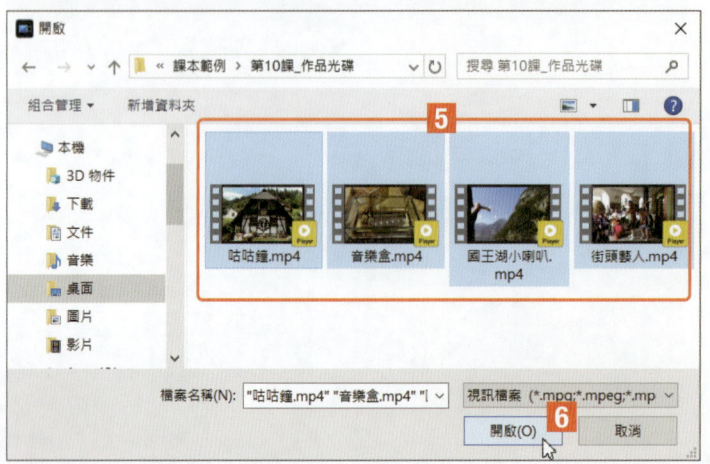

10-2 選單範本

匯入燒錄內容後,接著就是要製作光碟的播放選單。選單範本可以自行製作,也可以由 DirectorZone 網站下載。

10-2-1 自製選單範本

若要自製選單時,必須製作二種頁面:

- **根選單**:放置光碟標題及「播放」、「場景」二個按鈕。
- **標題/章節選單**:列出各影片的標題。

🎥 根選單

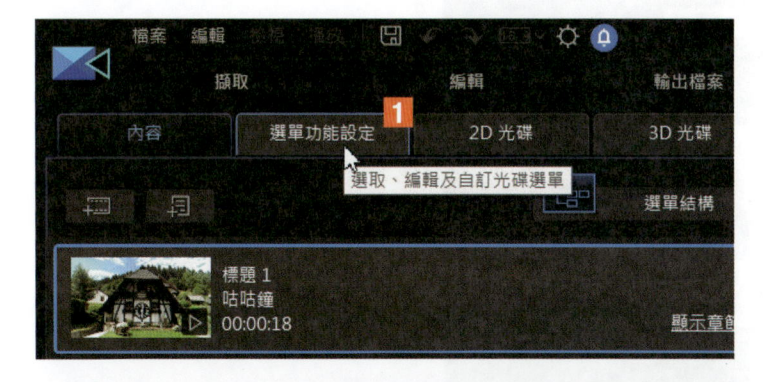

1 點選【選單功能設定】頁籤。

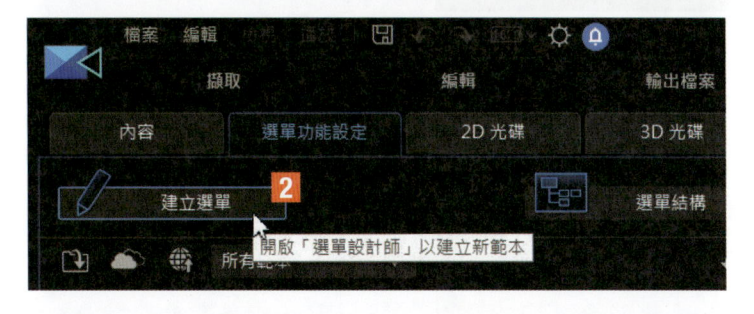

2 點選【建立選單】。

3 點選【根選單】。

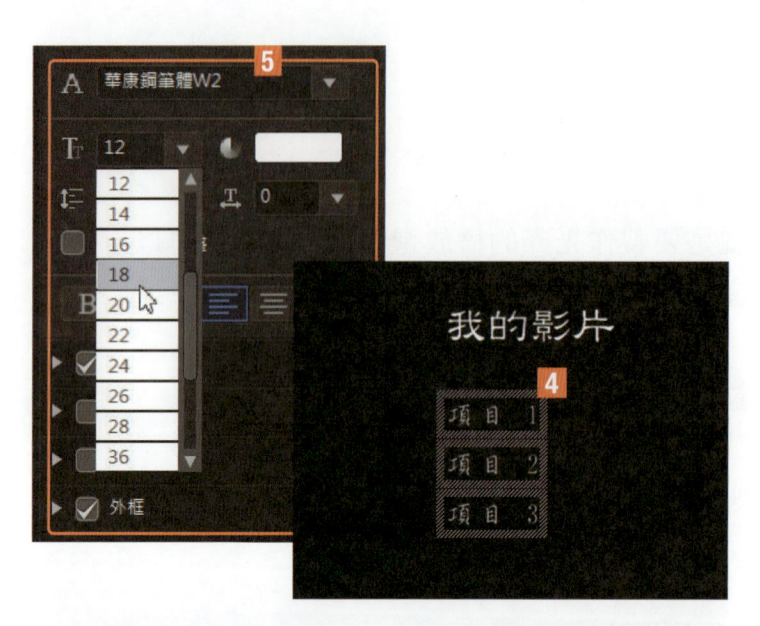

4 點選文字，調整位置。

5 點選【字型／段落】，調整字體及大小。

6 點選【設定背景圖片或影片】鈕。

7 選擇【設定背景圖片或影片】。

8 點選【根選單圖】。

9 按【開啟】鈕。

10 點選【延展】。

11 按【確定】鈕。

12 將按鈕移到適當的位置，不要影響畫面。

13 此時仍然可以更改字體及外框等設定。

■ 標題／章節選單

14 點選【標題／章節選單】。

15 點選【設定背景圖片或影片】鈕。

16 點選【標題選單】。

17 按【開啟】鈕。

18 點選【延展】。

19 按【確定】鈕。

20 按【加入選單按鈕 ▣ 】三次。

21 拖曳調整各選單按鈕排列的位置。

22 注意圖案及文字的搭配位置。

23 按【確定】鈕。

24 輸入範本名稱【自製選單 01】。

25 按【確定】鈕。

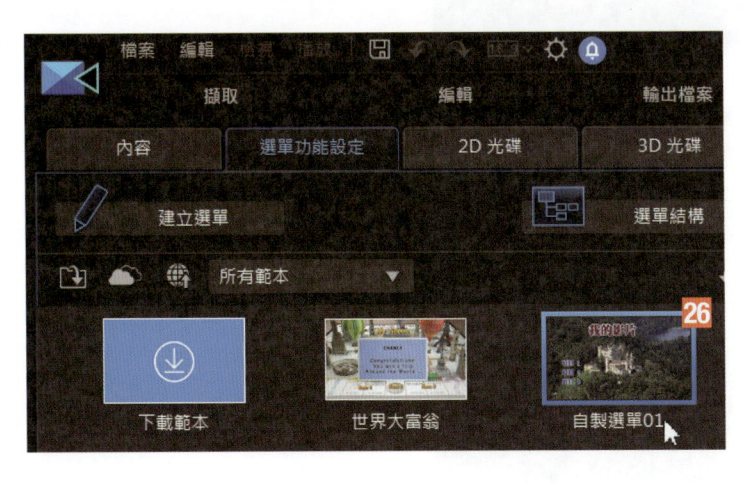

26 剛才自行設計的選單範本就會顯示在這裡。

10-2-2 套用選單範本

自製選單範本製作完成後，使用時可直接套用，相當方便！當然威力導演所提供的選單範本也可套用。

1. 取消勾選【包含選單開場視訊】，另外其他三項全都勾選。

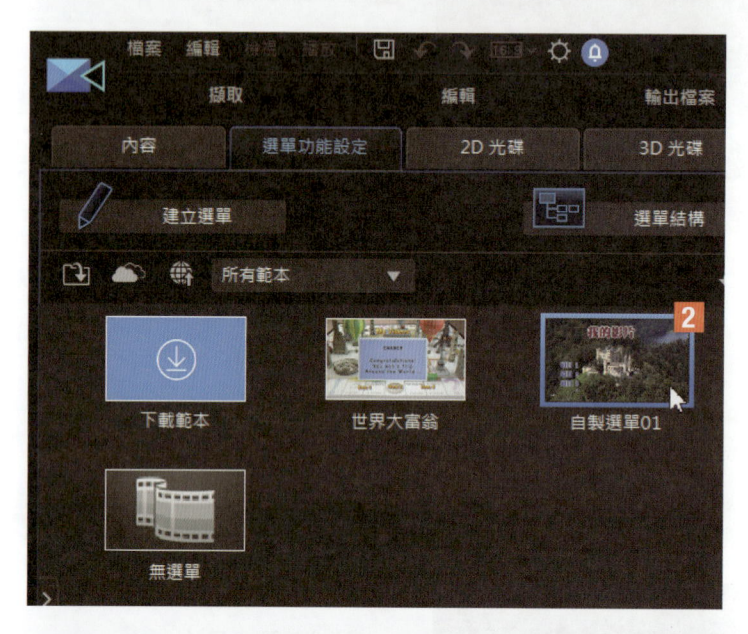

2. 點選【自製選單01】範本。

3. 再點選【套用至所有頁面】。

4. 若是要修改這個範本時，則選擇【修改】。

5 點選文字方塊,輸入光碟主標題。

6 更改文字大小,調整文字位置。

7 點選【選單結構】。

8 點選【我的影片】。

9 可以更改標題內容。

10 拖曳調整文字及圖片位置。

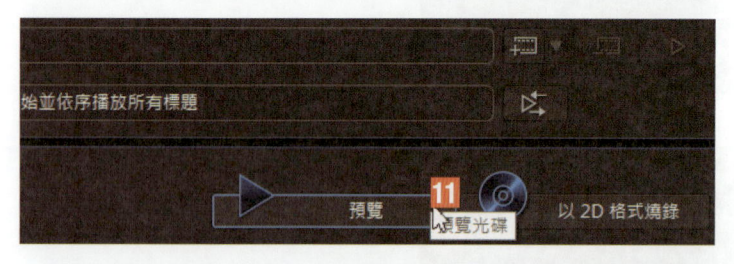

11 按【預覽】。

12 可以觀看光碟選單製作的成果。

10-3 章節工房

在前面範例中是把數段影片匯入，並以每段影片作為章節標題。但若是遇到有較長影片時，希望能夠把影片中間設定幾個章節標題，以方便觀眾可以直接跳到中間的部分觀看，這時候「章節工房」就是最佳的選擇了。

加入章節

1 將播放磁頭置於影片起始處。

2 點選【章節工房】。

3 將播放磁頭移到第 3 秒處。

4 按【在目前的位置加入章節】鈕。

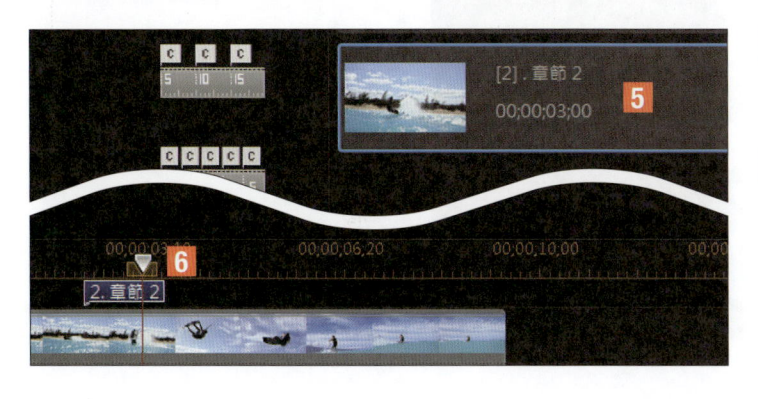

5 會預設以第 3 秒的畫面當章節縮圖。

6 將播放磁頭移到第 4 秒處。

■ 更改章節縮圖

7 按【將目前畫格設為章節縮圖】。

8 可以發現這時的章節縮圖已改變。

9 將播放磁頭移到第 6 秒處。

10 按【在目前的位置加入章節】鈕。

■ 製作章節選單

11 點選【製作光碟】頁籤。

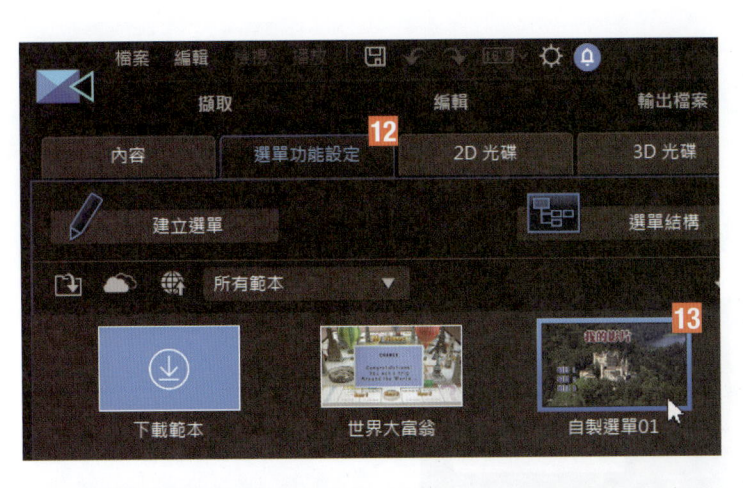

12 點選【選單功能設定】。

13 套用【自製選單01】範本。

14 點選【套用至所有頁面】。

15 點選【選單結構】。

16 可以看到章節的選單已完成。

Chapter 10 成果光碟—章節選單

203

10-4 DVD 燒錄

作品製作完成後，可燒錄成 DVD 光碟片，以便保存及分享親友。

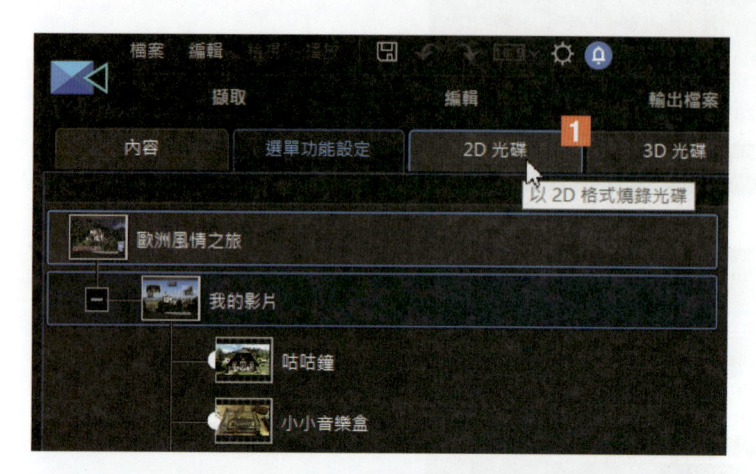

1 點選【2D 光碟】頁籤。

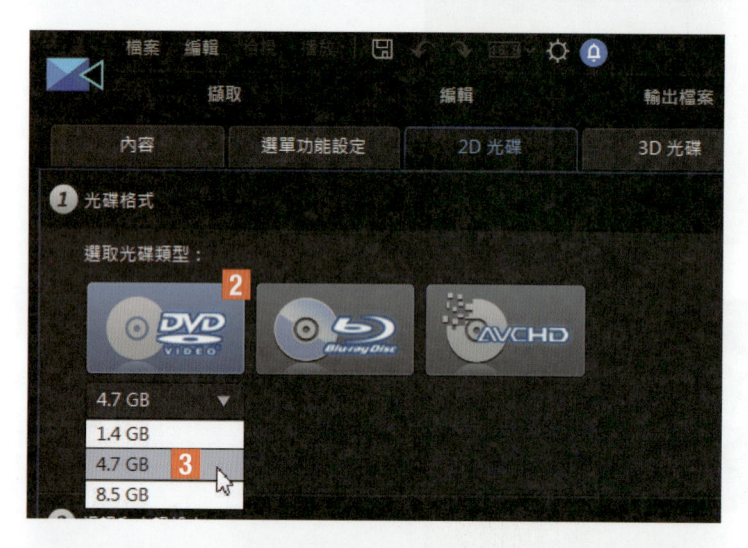

2 選擇光碟類型【DVD】。

3 選擇容量【4.7GB】。

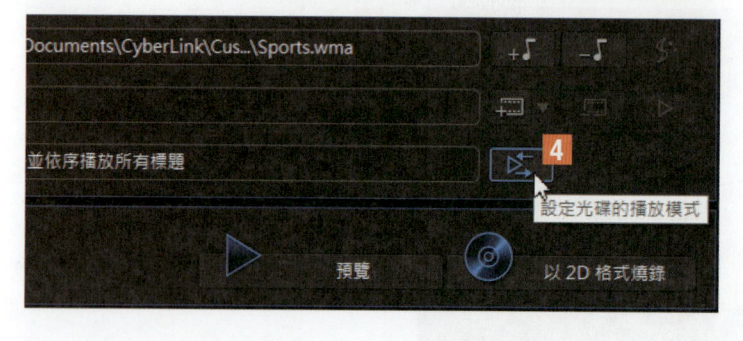

4 點選【設定光碟的播放模式 ▶ 】鈕。

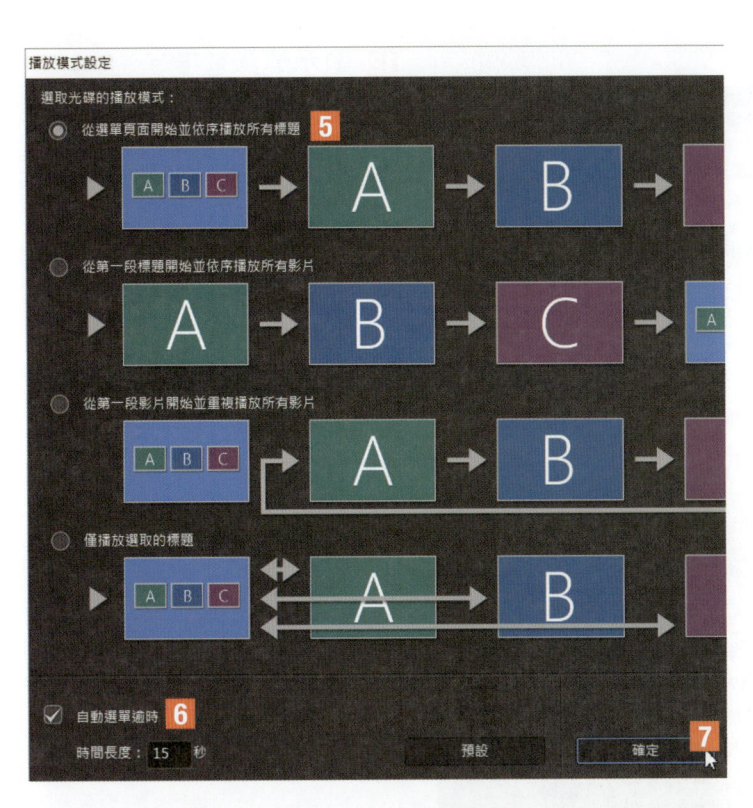

5 點選【從選單頁面開始並依序播放所有標題】。

6 勾選【自動選單逾時】，設定時間長度【15】秒。

7 按【確定】鈕。

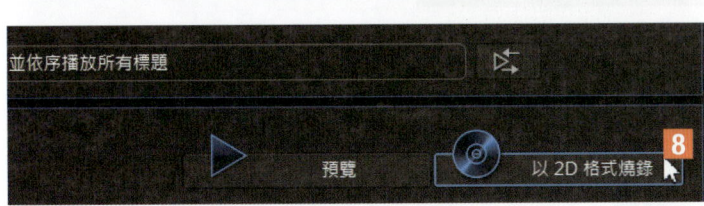

8 點選【以 2D 格式燒錄】。

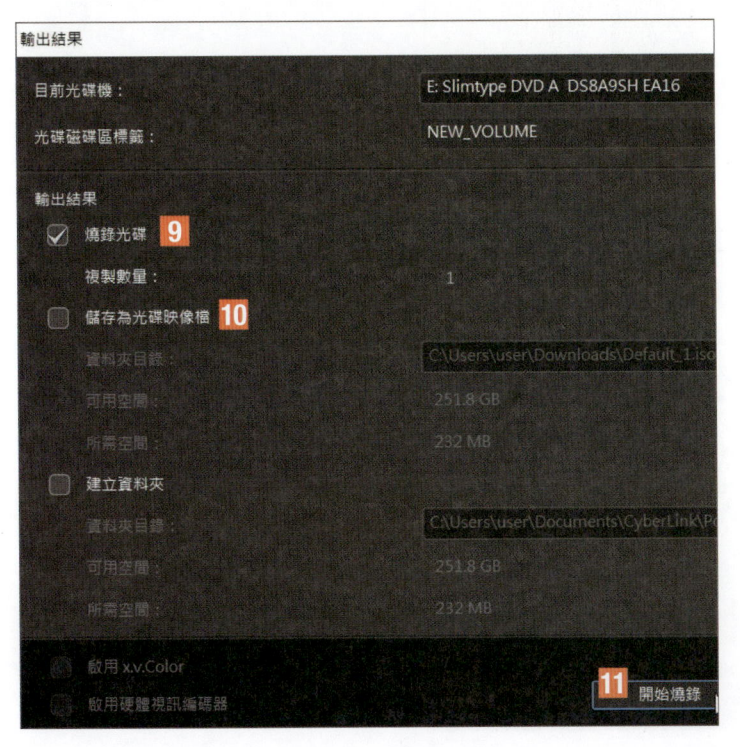

9 勾選【燒錄光碟】。

10 若沒有光碟燒錄機，則改勾選【儲存為光碟映像檔】。

11 按【開始燒錄】。

Chapter 10 成果光碟─章節選單

12 顯示燒錄進度。

> **小說明**
> 因為光碟片的品質不一，燒錄光碟時，光碟機可以選擇較低倍速（轉速）來燒錄光碟片，增加相容性以確保燒錄成功。

13 燒錄成功，按【確定】鈕。

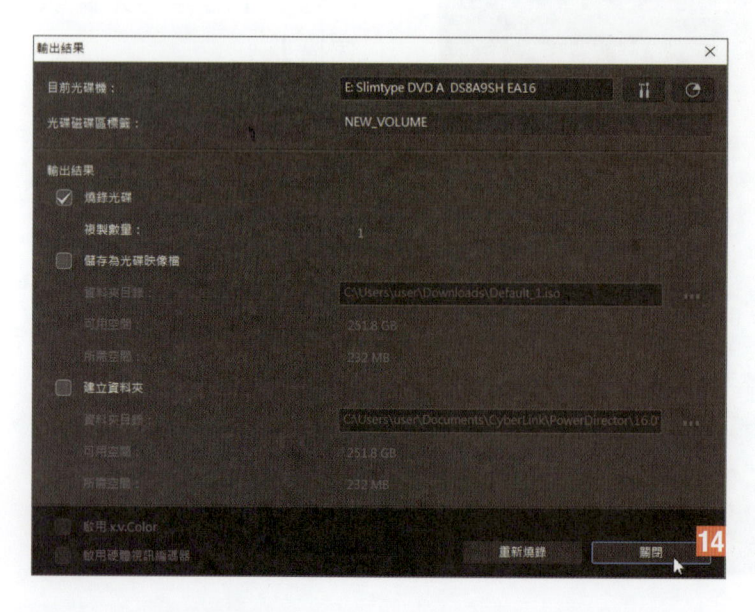

14 按【關閉】鈕。

15 儲存專案
　　【10 作品光碟 .pds】。

選擇題

(　　) 1. 威力導演製作光碟時,可以匯入的內容有下列何者?
　　　　(A) 視訊影片　　　　　　　(B) 威力導演專案
　　　　(C) 二者皆可以匯入　　　　(D) 二者都不可以匯入。

(　　) 2. 要自製選單範本時,要製作幾種頁面?
　　　　(A) 1　(B) 2　(C) 3　(D) 4。

(　　) 3. 在自製選單範本的【標題／章節選單】時,若要在選單設計師中設定背景圖案或影片時,要使用下列哪個按鈕?
　　　　(A) ▢　(B) ▢　(C) ▢　(D) ▢。

(　　) 4. 光碟燒錄時可儲存為光碟映像檔,其檔案格式為下列何者?
　　　　(A) JPG　(B) BMP　(C) ISO　(D) WMV。

填充與實作題

1. 在自製選單範本時,製作的根選單中會放置光碟標題及＿＿＿＿＿＿、＿＿＿＿＿＿二個按鈕。

2. 在選單設計師中使用 ▢ 按鈕時,表示要＿＿＿＿＿＿。

3. 下圖代表在光碟 DVD 燒錄中的播放模式為＿＿＿＿＿＿?

4. 在章節工房中使用 ▢ 按鈕時,代表＿＿＿＿＿＿;使用 ▢ 按鈕時,代表＿＿＿＿＿＿。

5. 請利用【製作光碟】功能,為自己的 3 個視訊作品設計光碟範本,並燒錄成光碟。

6. 請練習將製作的影片上傳到 YouTube 網站,並建立播放清單。

課後練習簡答

chapter 01
選擇題
1. (C)　2. (C)　3. (D)　4. (D)　5. (A)
6. (C)　7. (B)
填充與實作題
1. 60
2. 時間軸模式、腳本模式、幻燈片秀編輯器

chapter 02
選擇題
1. (B)　2. (D)　3. (B)　4. (A)
填充與實作題
1. 姓名　　　　　2. pds
3. facebook　　　4. 4；6

chapter 03
選擇題
1. (D)　2. (B)　3. (B)　4. (C)　5. (A)
填充與實作題
1. 輸出專案資料

chapter 04
選擇題
1. (C)　2. (B)　3. (B)　4. (C)　5. (D)
6. (B)
填充題
1. 左右
2. 取消連結視訊與音訊
3. 修補／加強

chapter 05
選擇題
1. (D)　2. (C)　3. (C)　4. (B)　5. (A)
填充與實作題
1. 片頭、字幕、片尾

chapter 06
選擇題
1. (D)　2. (A)　3. (C)　4. (B)　5. (C)
6. (B)　7. (B)
填充與實作題
1. 前置轉場、後置轉場、交錯轉場、重疊轉場
2. Magic Motion 魔術

chapter 07
選擇題
1. (A)　2. (C)　3. (D)　4. (A)　5. (A)
6. (B)
填充與實作題
1. MP4　　　　　2. 媒體

chapter 08
選擇題
1. (A)　2. (B)　3. (C)　4. (D)
填充與實作題
1. 視訊倒播　　　2. 內容感應編輯
3. 時間位移特效

chapter 09
選擇題
1. (B)　2. (C)　3. (D)　4. (D)
填充與實作題
1. 上、下
2. 物件設定，維持顯示比例
3. 遮罩

chapter 10
選擇題
1. (C)　2. (B)　3. (D)　4. (C)
填充與實作題
1. 片頭、字　　　2. 加入選單按鈕
3. 僅播放選取的標題
4. 在目前的位置加入章節，將目前畫格設為章節縮圖

書　　　名	影音創作實務 - 使用威力導演16
書　　　號	PB32201
版　　　次	2018年7月初版 2023年9月二版
編　著　者	簡良諭
責　任　編　輯	林宛俞
校　對　次　數	7次
版　面　構　成	魏怡茹
封　面　設　計	林伊紋

國家圖書館出版品預行編目資料

影音創作實務：使用威力導演16 / 簡良諭編著
-- 二版. -- 新北市：台科大圖書, 2023.09
　　面；　公分
ISBN 978-986-523-838-4（平裝）

1.CST：多媒體　　2.CST：數位影像處理
　　　　　　　　　3.CST：影音光碟

312.8　　　　　　　　　　　　　112014438

出　版　者	台科大圖書股份有限公司
門　市　地　址	24257新北市新莊區中正路649-8號8樓
電　　　話	02-2908-0313
傳　　　真	02-2908-0112
網　　　址	tkdbooks.com
電　子　郵　件	service@jyic.net
版　權　宣　告	**有著作權　　侵害必究** 本書受著作權法保護。未經本公司事前書面授權，不得以任何方式（包括儲存於資料庫或任何存取系統內）作全部或局部之翻印、仿製或轉載。 書內圖片、資料的來源已盡查明之責，若有疏漏致著作權遭侵犯，我們在此致歉，並請有關人士致函本公司，我們將作出適當的修訂和安排。
郵　購　帳　號	19133960
戶　　　名	台科大圖書股份有限公司
	※郵撥訂購未滿1500元者，請付郵資，本島地區100元 / 外島地區200元
客　服　專　線	0800-000-599
網　路　購　書	PChome商店街　JY國際學院　　博客來網路書店 台科大圖書專區　　勁園商城
各服務中心	總　　公　　司　02-2908-5945　　台中服務中心　04-2263-5882 台北服務中心　02-2908-5945　　高雄服務中心　07-555-7947

線上讀者回函
歡迎給予鼓勵及建議
tkdbooks.com/PB32201